2次行列のすべて

新しい線型代数の学び方

石谷　茂 著

現代数学社

ま　え　が　き

数学の本を紋切り型にかくのは気が楽であるが，その型を破り，新しい体系でかくのは楽でない．本書を手がけ，実感を一層深めたのは一つの収穫であった．

2次の正方行列の解説を試みた記事は多いが，単行本になったものは殆んどない．まして，この領域を掘り下げ，行列の相似，Jordan 型，最小多項式，Cayley–Hamilton の定理，双線型写像などを解説した本は絶無といってよい．その理由は，端的にいえば「試みそのものが無謀である」が定説化しているためであろう．

その無謀を百も知りながら，あえて暴挙を試みたのは，ものごとを定説化することに対するレジスタンスとでもいいたいような，気負いたった感情が心の隅にあったためである．

もう1つ理由は，それを求めている読者が少くないことである．数学の専門家にとってはわずらわしいもの，無用なものも，数学を学びたいという願望を抱く大衆にとっては存在価値の高いものがあろう．世の文学者のなかには，純文学と称するものは認めるが，大衆小説をけなす人がある．だが，文学者がなんといおうと大衆小説はすたれない．大衆向きの数学書についても，同じことがいえそうである．

本書が大衆向きとは思わないが，数学に魅力を感じ，数学を学びつつある人，これから学ぼうとする人に，少しは役に立つだろうとの，ささやかな自負心はもっている．

「たかが2次の正方行列を……」などとあなどってはいけない．これでも4つの要素を含む．複素数をつくっているのは2つの実数に過ぎないのに，解析学と結びつけば関数論を構成する．要素が4つになれば一層複雑なものを生み出すだろうことは容易に想像できよう．

数学の学習，大衆化で，見過してならないのは，ヒナ型を用意することである．そのヒナ型は，誰でも容易に手がとどくと同時に，一般化への手がかりを内蔵していなければならない．

2次の行列が，一般の n 次行列の完全なヒナ型ではないにしても，かなり願望をみたしてくれる．とくに入門部分について，それがいえよう．この願望達成の成否は取扱い方にかかっているが，未開拓の分野である．

現代数学の指標の１つはスマートさで，それが学ぶ者にとっては魅力なのだが，ときにはドロ臭いところに来てホッと救われることもあろう．本書はいたるところに，スマートさとドロ臭さとが共存している．意図的にそうしたところもあるし，止むなく，そうなったところもあろう．よりスマートな本で学びたいとの情念がわくようなら，本書のドロ臭さは有意義であったといえよう．

ハスは，ドロの中で育つが，まれに見る美しい花を咲かす．数学もそのようなものであるし，そうあってほしいというのが著者の願いである．現代数学はたしかにスマートであるが，その史的発展の過程に目を向けると，ドロ沼からはい上る姿に強烈な感動をおぼえる．史的発展の過程が，そのまま個体成長の過程になるわけではないにしても，その類似点はダーウィンの進化論以来，多くの人の認めるところである．数学をその史的背景の中で見直すことは，現代化をみのり多いものとするために欠かせないものであろう．

石　谷　　茂

目　次

§4　線型写像と行列

§5　特殊な行列の役割

§6　相似と Jordan 型

§7 Jordan 型の応用

§8 行列の方程式を解く

§9 線型写像を拡張する

§1

R-加群としての行列

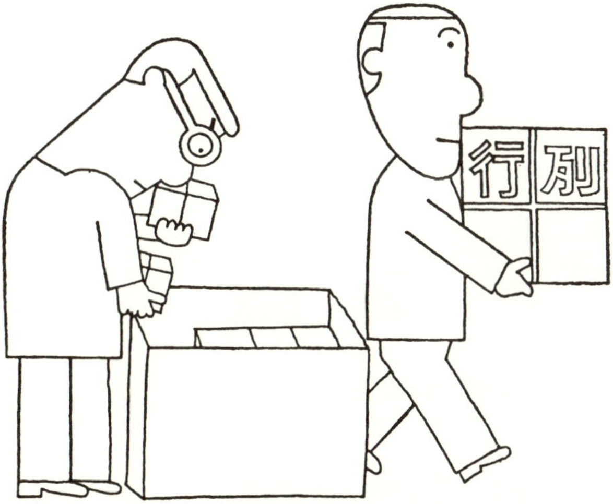

1　はじめに

行列に関することは，数学としては知り尽された領域に属している．わかっているものを，わかっているままの体系で紹介するものが数学入門だという常識がある．だから，常識のままの入門なら，味もそっけもないわけで，いまさら入門講座をはじめるのは蛇足というものだろう．

わかっていることを忘れてしまい，未知の世界に足を踏み入れるような学び方はないだろうか．ふと，そんな野心を抱いてみた．とはいっても，この道，いうはやさしく，実行は至難である．

京都で暮し，京都を知っている人が，京都を未知の古都とみなし，漫歩や観光のスケジュールをくむようなものである．京都駅に降り立ち，さて未知の世界よと開き直ってみたところで，シラケた気分はどうしようもないだろう．

いや，だからこそ，やりがいがあるのさ，とやせ体に鞭をあててはみたが，骨の痛みが残るのがおちのようである．

×　　　　×

ピタゴラスは，自然数のうち三角数，四角数などに目をつけ，神秘性を認めたといわれている．

三角数というのは，数をご石とみて，いや古代ギリシャのことだから，オリーブの実とでもみるのがよいだろう．それを正三角形に並べられる個数のことである．

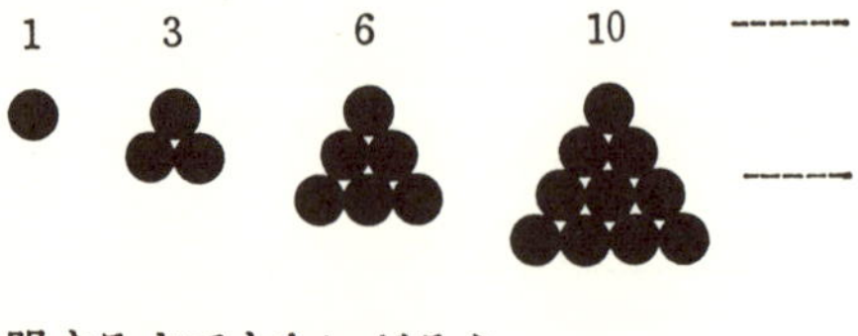

四角数は説明するまでもないだろう．

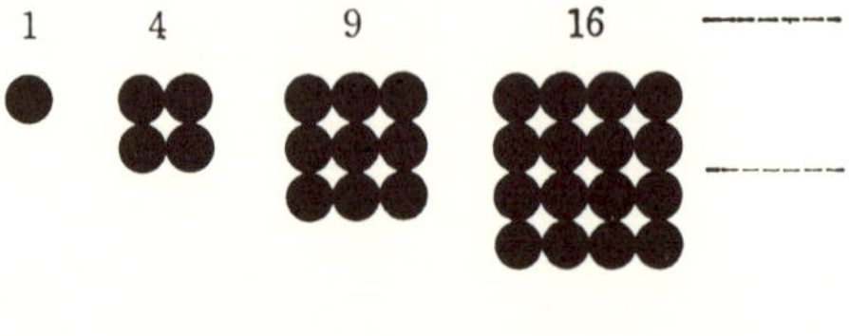

数学史の本で，はじめて知ったとき，ピタゴラスはつまらないことをやったものだと思い，深く考えようとはしなかった．

いまさら，なんで，こんな話を …… と読者は不思議に思うだろう．行列を未知のものとみなし，その分類を考えたときの困難が，ふと，ピタゴラスの時代へ，私を引きもどしたのである．

「何ごとによらず，分類は学問のはじめじゃないか …… もしそうだとしたら …… ピタゴラスが数の分類を試みるのは当然なことだ．数を分類するには，個々の数の特徴に目をつけなければならないだろう．つかみやすい特徴といえば，外面的なものである．そこで，ピタゴラスは，オリーブを並べた形の特徴へ …… おや，自然な着想だな ……」という気がしたのである．

当時すでに，約数に目をつけ，完全数と名づけ，特殊な数とみなしたことも，数学史の教えるところである．完全数というのは，自然数のうち，その約数の和が，その数の2倍に等しいもののことである．6の約数は1，2，3，6で

$$1+2+3+6=6\times 2$$

だから，6は完全数である．

この着想は，自然数に関する概念としては基本的な約数に目をつけたもので，本質をついている．約数は数の内面に秘められている特徴のようではあるが，オリーブを並べてみると，長方形になる場合で，形と結びついている．

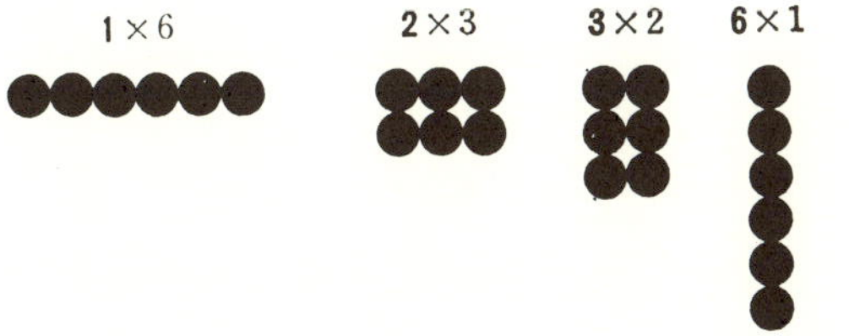

このような古代人の平凡な着想は，われわれに，ものの特徴のつかみ方のヒントを与え，ときには分類の手がかりを豊かにする．

× ×

行列でも分類は決定的に重要で，相似という同値関係が Jordan 形の発見への道を開くことを，あとで知るだろう．

行列の外観から Jordan 形を見ぬくことは不可能に近い．それは内面に秘められている特徴だからである．内面的特徴を，どのようにして外面化するか．それが，このささやかな講座の主題であるとみてよい．これを知らずして，行列を知ったことにはならないと思うからである．

いささか，前おきが長くなった．とにかく「初心忘るべからず」の教えがある．未知の領域にさぐりを入れるといった気持を失わないよう自戒しつつ，ペンをすすめてみたい．

×　　　　　　　　×

行列を2次の正方行列に制限したのには，明確な理由が2つある．

その1つは，高校の数学の行列が，主として2次の正方行列だからである．とくに乗法は2次までという制限がある．2次といえば行列としては最も簡単なものであるが，新教材であるために，多くの先生方が，困惑しているというのが実態であろう．やさしいものでも，その本質をあますところなく知っていないことには指導に自信がもてないだろう．「一を学んで十を知る」は学ぶものへの教訓．これを裏返せば「十を知って一を教える」となって指導者の教訓にかわる．

第2の理由は，2次の範囲であっても，かなり，行列一般の性質を内蔵しているからである．欲をいえば，3次の範囲までほしいところだが，そうなると入門にはなっても，入門入門としては，少し手ごわい気がする．2次の範囲を完全に身につけておけば，一般の場合は見通しがきき，意外とやさしくなるだろうというのが筆者の考えである．

2 数の箱詰め

ベクトルは数を直線的に並べたものであるが，行列は数を平面的に並べたものである．どちらも，数の箱詰めであることには変りはないが，行列のほうが箱詰めらしい．「ふろしきずつみ」とみるのも悪くはないが，ふろしきは，われわれの生活から遠のきつつある．行列はベクトルに似ており，似た法則が成り立つ．比較しながら学べば，見通しがよく，前途はあかるいだろう．

ベクトルに関しては，高校程度のことはわかっているものとして話をすすめた．

取扱う数は複素数でもよいが，当分は実数としておき，必要に応じ，複素数を取扱うが，そのときは断ることにしよう．

慣用にしたがい，実数全体は $\boldsymbol{R}$ で，複素数全体は $\boldsymbol{C}$ で表わすことにする．いうまでもなく，real number と complex number から作った記号である．

いくつかの実数を直線的に並べたもの

$$(3\ 2),\ (4\ -1\ 7)$$

などがベクトルで，並べた数が成分であった．

これを平面的に拡張し，実数を

$$①\begin{pmatrix}5 & 3 & 8\\ 4 & 7 & 6\end{pmatrix}\quad ②\begin{pmatrix}2 & 1\\ 7 & 9\\ 3 & 4\end{pmatrix}\quad ③\begin{pmatrix}3 & 4\\ 8 & -2\end{pmatrix}$$

のように長方形に並べたのが**行列**で，並べた数が**成分**である．

①は2行3列だから[2,3]行列，②は3行2列だから[3,2]行列，③は[2,2]行列という．行列の**型**というのは，行と列の数のことである．[2,3]行列は[2,3]型行列，2×3行列ということもある．とくに，[2,2]行列のことを2次**正方行列**ともいう．

「一を聞いて十を知る」は，論理的には二，三の具体例から一般の場合を帰納すること．人間はすべてこの能力を持っているのだから，$[m,n]$ 行列や n 次正方行列は説明するまでもないだろう．

× ×

行列は数を長方形に並べたもの自身のことで，全体が１つの数を表わすわけではない．この平凡なことが，初めて学ぶものには，意外と抵抗があるらしい．数の計算イコール数学，といった固定観念のとりこになっていると，新しい概念を受け入れるのに苦労しよう．

この障害を除くには，「なぜ，数を並べたものを考えるか」を明かにすればよさそうである．

よくあげられる例に，商品の定価表や売上げ数量の表がある．単純なモデルでゆこう．

あるシャツに赤と茶，さらに大中小の区別があったとすれば，定価表は次のようなものになるだろう．

サイズ＼色	赤	茶
大	4 600	4 400
中	4 200	4 000
小	3 800	3 600

この書き方を心得ている者にとっては，数字の部分だけを引きぬいた表

$$\begin{pmatrix} 4600 & 4400 \\ 4200 & 4000 \\ 3800 & 3600 \end{pmatrix}$$

があればこと足りる．これ，まぎれもなく[3, 2]型の行列である．カッコは，全体にまとまりを持たせ，他と区別するものにすぎない．カッコとしては（　）の代りに[　]を用いた本もある．

連立１次方程式

$$\begin{cases} ax+by=c \\ a'x+b'y=c' \end{cases}$$

は，係数と定数をこの順にかくことに約束しておくならば，未知数 x，y と記号 ＋　＝ を省略し

$$\begin{pmatrix} a & b & c \\ a' & b' & c' \end{pmatrix}$$

と書いても分るだろう．これは[2,3]型の行列である．

3 箱詰めの相等と演算

行列は数の箱詰めかコンテナのようなもので，箱のままで取扱うところに有難みがある．これからは2次の正方行列で話をすすめることにし，素材を用意しよう．

甲,乙2つの商品があり，ともに特製と並製の区別があるとする．その売上個数を調べたところ次のようであった．

第1日目

	甲	乙
特	32	45
並	58	64

第2日目

	甲	乙
特	28	40
並	51	53

第3日目

	甲	乙
特	29	38
並	71	76

第4日目

	甲	乙
特	32	45
並	58	64

並べ方をくずさず，売上げ個数だけを引き出して行列にかえる．

第1日目 $\begin{pmatrix}32 & 45\\ 58 & 64\end{pmatrix}$　第2日目 $\begin{pmatrix}28 & 40\\ 51 & 53\end{pmatrix}$　第3日目 $\begin{pmatrix}29 & 38\\ 71 & 76\end{pmatrix}$　第4日目 $\begin{pmatrix}32 & 45\\ 58 & 64\end{pmatrix}$

誰がみても，第1日目と第4日目とは売上げの個数の等しいことに気付く．このとき2つの行列が等しいとみることに異論がなかろう．そこで一般に，2つの行列の同じ位置（アドレスといってもよい）にある数がそれぞれ等しいとき，それらの行列は**等しい**というわけである．

$$\begin{matrix}a=p, & b=q\\ c=r, & d=s\end{matrix} \quad \rightleftarrows \quad \begin{pmatrix}a & b\\ c & d\end{pmatrix}=\begin{pmatrix}p & q\\ r & s\end{pmatrix}$$

つまり，数に関する4つの等式を1つにまとめたのが行列の**等式**である．

× ×

次に行列の加法はどうか．第1日目と第2日目の売上げ個数の和を求めたいとすれば，同じ位置にある2数をそれぞれ加え，その和を同じように並べるだろう．

第1日目と第2日目の売上げの和

$$\begin{pmatrix}32+28 & 45+40\\58+51 & 64+53\end{pmatrix}=\begin{pmatrix}60 & 85\\109 & 117\end{pmatrix}$$

これを一般化するだけで行列の**加法**になる．

$$\begin{pmatrix}a & b\\c & d\end{pmatrix}+\begin{pmatrix}p & q\\r & s\end{pmatrix}=\begin{pmatrix}a+p & b+q\\c+r & d+s\end{pmatrix}$$

×　　　　　　　　×

第3日目の売上げは第1日目よりどれだけ多いだろうか．これを知るには，同じ位置にある2数の差を求め，同じように並べればよいことは明か．

第1日目と第3日目の売上げの差

$$\begin{pmatrix}29-32 & 38-45\\71-58 & 76-64\end{pmatrix}=\begin{pmatrix}-3 & -7\\13 & 12\end{pmatrix}$$

特の売上げは減ったのに，並の売上げは増えたことがわかる．

これを一般化すれば行列の**減法**になる．

$$\begin{pmatrix}a & b\\c & d\end{pmatrix}-\begin{pmatrix}p & q\\r & s\end{pmatrix}=\begin{pmatrix}a-p & b-q\\c-r & d-s\end{pmatrix}$$

×　　　　　　　　×

次に，売出しの目標として，第1日目の売上げの3倍の目標を立てたとすれば，その目標は，行列で

$$\begin{pmatrix}3\times32 & 3\times45\\3\times58 & 3\times64\end{pmatrix}=\begin{pmatrix}96 & 135\\174 & 192\end{pmatrix}$$

と示される．この乗法を一括して

$$3\begin{pmatrix}32 & 45\\58 & 64\end{pmatrix}$$

で表わすのは自然であろう．

そこで，一般に，実数と行列との乗法を

$$k\begin{pmatrix}a & b\\c & d\end{pmatrix}=\begin{pmatrix}ka & kb\\kc & kd\end{pmatrix} \qquad ①$$

と約束すればよい．

実数と行列との乗法を行列の**実数倍**ともいう．一般には**スカラー倍**という．

スカラーというのは，行列の成分として選んだ数のことである．成分が実数の行列では実数がスカラーであり，成分が複素数の行列では複素数がスカラーである．

これでスッキリしたようだが，行列のもっとも退化したものとみられる，[1,1]型行列 (a) はスカラーかと問われると，自信を失うだろう．

この特異な行列 (a) は数 a と同じとみる．したがって行列 (a) は a とかいて，スカラーとみる．

➡**注** 行列の成分，すなわちスカラーは，実数や複素数のように，四則計算（÷0は除く）のできる数ならなんでもよい．このような数を一般に**体**というのである．有理数全体も体だから，成分を有理数に制限した行列も考えられる．

スカラー倍 kA で，k を行列の左にかくのはなぜか．右にかいたら誤りか．ときたま受ける質問である．

成分の左側から k 倍するから，行列でも左側から k 倍するのである．もし，成分を右側から k 倍するのであったら，行列も右側から k 倍すると約束する．すなわち

$$\begin{pmatrix} a & b \\ c & d \end{pmatrix} k = \begin{pmatrix} ak & bk \\ ck & dk \end{pmatrix} \qquad ②$$

しかし，成分が実数や複素数のときは，乗法について可換的だから①と②は等しく，k を行列のどちら側にかくかの区別は重要でない．一応，慣用に従い，左側にかくが，必要に応じ右側にかくことも認めよう．

× ×

総合練習として1つの例をあげる．

例1 次の式を計算せよ．

$$\begin{pmatrix} 12 & 17 \\ 9 & -23 \end{pmatrix} + 3\begin{pmatrix} 2 & -4 \\ -1 & 5 \end{pmatrix} - \frac{1}{2}\begin{pmatrix} -8 & -2 \\ 10 & 14 \end{pmatrix}$$

（解） 与式 $= \begin{pmatrix} 12 & 17 \\ 9 & -23 \end{pmatrix} + \begin{pmatrix} 6 & -12 \\ -3 & 15 \end{pmatrix} - \begin{pmatrix} -4 & -1 \\ 5 & 7 \end{pmatrix}$

$$= \begin{pmatrix} 12+6-(-4) & 17+(-12)-(-1) \\ 9+(-3)-5 & -23+15-7 \end{pmatrix}$$

$$=\begin{pmatrix}22 & 6 \\ 1 & -15\end{pmatrix}$$

4 どんな法則があるか

これから先，行列は A, B, C などの大文字で，その成分は a, b, c などの小文字で表わすことにする．

行列の加法について，結合律と可換律が成り立つことは，成分の計算にもどってみればたやすく分ることである．

（i） 結合律 $(A+B)+C=A+(B+C)$

（ii） 可換律 $A+B=B+A$

さらに，数と行列との乗法に関して次の法則が成り立つことも自明に近いだろう．

（iii） $h(kA)=(hk)A$

（iv） 第1分配律 $(h+k)A=hA+kA$

（v） 第2分配律 $k(A+B)=kA+kB$

証明は読者の課題として残しておく．

× ×

以上には減法に関するものがない．もしも実数の計算のように，減法を加法にかえる方策があるならば，減法に関する法則は加法に関する法則の中に包含させることができる．

減法を加法にかえるには，実数の反数に対応するものを行列でも考えればよい．行列

$$A=\begin{pmatrix}a & b \\ c & d\end{pmatrix}$$

に対して，行列

$$\begin{pmatrix}-a & -b \\ -c & -d\end{pmatrix}$$

を，A の**反行列**といい $-A$ で表わす．

$$-A=-\begin{pmatrix}a & b \\ c & d\end{pmatrix}=\begin{pmatrix}-a & -b \\ -c & -d\end{pmatrix}$$

この行列が A の (-1)倍，すなわち $(-1)A$ に等しいことは，成

分の計算に戻ってみれば明白である.

(vi)　$-A=(-1)A$

この等式によって，数と行列の乗法は反行列と結びつく.

×　　　　　　×

反行列を用いれば，減法 $B-A$ は，B と $-A$ との加法にかえられる.

(vii)　$B-A=B+(-A)$

この等式は重要だから，念のため証明しておこう.

$$\begin{aligned}B-A&=\begin{pmatrix}p & q\\ r & s\end{pmatrix}-\begin{pmatrix}a & b\\ c & d\end{pmatrix}\\ &=\begin{pmatrix}p-a & q-b\\ r-c & s-d\end{pmatrix}\\ &=\begin{pmatrix}p+(-a) & q+(-b)\\ r+(-c) & s+(-d)\end{pmatrix}\\ &=\begin{pmatrix}p & q\\ r & s\end{pmatrix}+\begin{pmatrix}-a & -b\\ -c & -d\end{pmatrix}\\ &=B+(-A)\end{aligned}$$

加法に関する法則に(vi),(vii)を追加すれば，減法に関するものは導かれる．そのようすを次の例でながめてみる.

例2　次の等式を導け.

(1)　$-(-A)=A$

(2)　$-(A+B)=-A-B$

(解)(1)　$-(-A)=(-1)\{(-1)A\}=\{(-1)(-1)\}A$
$=1\cdot A=A$

(2)　$-(A+B)=(-1)\{A+B\}$
$=(-1)A+(-1)B$
$=(-A)+(-B)$
$=(-A)-B$

この式は，さらにかっこを略し $-A-B$ とかくのが慣用.

×　　　　　　×

実数の加法で特殊な役目を持つものに単位要素0があった．行列で，これに当るのは

$$\begin{pmatrix}0 & 0\\ 0 & 0\end{pmatrix}$$

で，これを**零行列**ともいい，ふつう O で表わす．

この単位行列が

$$A+O=O+A=A,$$
$$-O=O$$
$$A+(-A)=(-A)+A=O$$

などをみたすことは説明するまでもなかろう．

5 等式についての性質

実数には等式の性質というのがあり，等式を取扱う基礎になった．同じような取扱いが，行列についての等式でも可能か．これ意外と気になることらしい．不安の原因は「これこれの条件をみたすものならば等式の性質は成り立つのだ」ということを，はっきりつかんでいないことにある．

等式の性質には，**演算に関係のあるもの**と，**関係のないもの**とがある．

× ×

演算に関係のないものは，**同値律**と称するもので，次の3法則をみたす性質である．

（i） **反射律** $A=A$

（ii） **対称律** $A=B$ ならば $B=A$

（iii） **推移律** $A=B$，$B=C$ ならば $A=C$

行列の相等が，これらの条件をみたすことは，定義にもどってみれば明かであろう．行列の相等は，成分の相等によって説明されている．成分は数だから，数の相等が同値律をみたせば，行列の相等も同値律をみたすのである．

たとえば

$$A=\begin{pmatrix}a & b\\ c & d\end{pmatrix},\quad B=\begin{pmatrix}p & q\\ r & s\end{pmatrix}$$

とおいて（ii）をみると

$$A=B \text{ は } \begin{cases} a=p, & b=q \\ c=r, & d=s \end{cases} \text{ のこと.}$$

$$B=A \text{ は } \begin{cases} p=a, & q=b \\ r=c, & s=d \end{cases} \text{ のこと.}$$

ところが，数の相等では対称律が成り立つから

$a=p$ ならば $p=a$

$b=q$ ならば $q=b$

などとなるので，

$A=B$ ならば $B=A$

が導かれる．

× ×

相等の性質のうち演算に関係のあるものは，演算の定義と法則とから導かれる．一般に演算では演算の結果は１つの要素である．つまり一意的に定まる．行列の加法でみると，２つの行列 A，B に対してただ１つの行列が定まり，それを $A+B$ と表わす．したがって $A=A'$，$B=B'$ ならば $A+B$ と $A'+B'$ とは同一の行列である．すなわち

$$\begin{cases} A=A' \\ B=B' \end{cases} \text{ ならば } A+B=A'+B'$$

この特殊の場合が

$$\begin{cases} A=B \\ C=C \end{cases} \text{ ならば } A+C=B+C$$

である．

減法についても，数と行列の乗法についても同じこと．そこで，総括すれば，次の法則が得られる．

（iv） $A=B$ ならば $A+C=B+C$

（ｖ） $A=B$ ならば $A-C=B-C$

（vi） $A=B$ ならば $kA=kB$

（iv），（ｖ）は移項の可能なことを保証している．

× ×

では，これらの逆は成り立つだろうか．もし $A+C=B+C$ ならば，両辺から C をひくと（v）によって

$$(A+C)-C=(B+C)-C$$
$$\therefore\ A=B$$

となって（iv）の逆が成り立つ．（v）の逆が成り立つことも，同様にして確められる．

（vi）の逆は事情が少しちがう．

$$kA=kB$$

もし，$k\neq 0$ ならば，k の逆数 $\frac{1}{k}$ があるから，これを上の等式の両辺にかけると（vi）によって

$$\frac{1}{k}(kA)=\frac{1}{k}(kB)$$
$$A=B$$

もし，$k=0$ ならば，反例

$$0\begin{pmatrix}1&2\\3&4\end{pmatrix}=0\begin{pmatrix}5&6\\7&8\end{pmatrix}$$

から分るように，必ずしも $A=B$ とはならない．つまり（vi）の逆は成り立たない．

×　　　　×

以上の予備知識があれば，次の例に答えるのはやさしい．

例3　k が実数で A が行列のとき

$$kA=O \rightarrow k=0 \text{ または } A=O \qquad ①$$

学生は証明をかくことはかくが，質問してみるとしどろもどろである．なんとなく，自分の解に確信がもてないらしい．

（解1）　$k\neq 0$ とすると，k の逆数 $\frac{1}{k}$ があるから，これを両辺にかけて

$$\frac{1}{k}(kA)=\frac{1}{k}O \qquad \therefore\ A=O$$

これ，よく見かける解の1つ．「$k=0$ のときはどんなんだ」と聞いてみると，意外や，はっきり答える学生は少ない．

論理学の知識が少々あれば，①は

$$kA=O \text{ かつ } k\neq 0 \rightarrow A=O$$

と同値なことが分るから，上の解で完全なことも分るはず．学生はこの知識を持ち合せていないために不安なのであろう．

$k=0$ のときと，$k\neq 0$ のときとに分けて，証明するなら，上の論理学の知識は必要ない．それが，次の解である．

（解２） $k=0$ のとき ① の結論は真である．

$k\neq 0$ のとき解１と同様にして $A=O$ だから ① の結論は真である．

「$k=0$ のとき，仮定を使っていない．それでよいのか」ときいてみると，これまた，学生の答はあいまいになる．

仮定がなんであろうと，結論が真ならば条件文は真なのだから，仮定を使う使わないはどうでもよいのである．しかし，この説明で，本当に学生は納得するかどうか．「$k=0$ のとき，仮定は $kA=0A=O$ となって真．一方結論は真だから，条件文自身も真」このほうがましかもしれない．

p	q	$p\rightarrow q$
真	真	真
真	偽	偽
偽	真	真
偽	偽	真

以上のほかに，成分にもどる解も考えられる．

6 R-加群という代数系

いままで演算でみる限り，２次の正方行列はベクトルと少しもかわるところがない．このことは行列

$$\begin{pmatrix} a & b \\ c & d \end{pmatrix}$$

の成分をすべて横にならべ，ベクトル

$$(a,b,c,d)$$

に直しても，いままでの説明はそのまま生きることからも想像できよう．

× ×

２次の正方行列全体の集合を M とすると，M の備えている代数

的構造は，次の2つに要約される．

（i）M は加群である．

加群というのは，加法についての可換群のことである．群は一般には可換的でないが，とくに可換的なときに演算を加法で表わし，加群と呼ぶのが慣用．したがって加群はことわりがなくとも可換的とみてよい．

（ii）M は実数 $\boldsymbol{R}$ を作用域にもつ．

M が $\boldsymbol{R}$ を作用域にもつとは，M の要素 A と $\boldsymbol{R}$ の要素 k に対し M の要素が1つ定まる演算 kA が定義されていて，次の条件をみたすことである．

$$h(kA)=(hk)A$$

$$(h+k)A=hA+kA$$

$$k(A+B)=kA+kB$$

以上の（i），（ii）をみたす代数系のことを **$\boldsymbol{R}$-加群** ともいう．

成分が実数であるベクトルの集合，すなわちベクトル空間は $\boldsymbol{R}$-加群である．

以上により，行列は加減，および実数倍の範囲でみる限り，ベクトルと同じものであることがわかった．行列をベクトルから脱皮させ行列らしくするにはどんな演算を追加すればよいか．それが次の課題である．

×　　　　　　　×

ここで，行列の実数倍（一般にはスカラー倍という）と行列の加減とは演算として，どうちがうかを振り返っておくのは無駄でなかろう．

行列の加法は，任意の2つの行列に1つの行列を対応させる演算で，ふつう **2項演算**と呼んでいる．行列の減法も2項演算である．

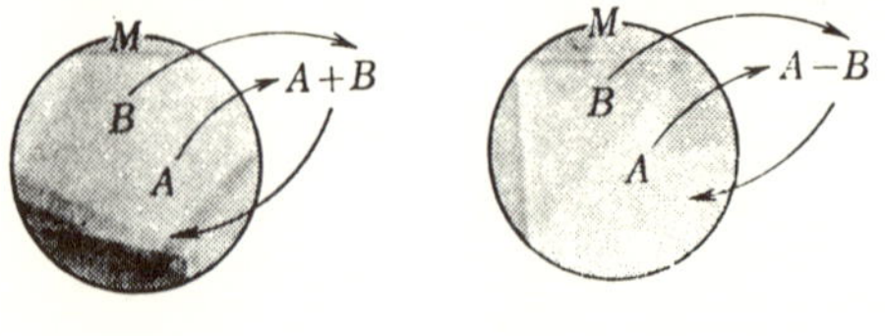

これに対し，行列の実数倍は，任意の実数と任意の行列に1つの行列を対応させる演算で，k を**作用子**，R を**作用域**という．行列 A

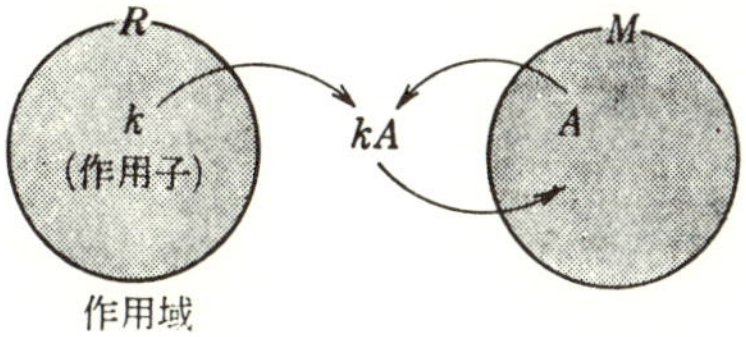

に実数 k が作用して行列 kA を生み出すという意味だとみれば感じが出よう．

練　習　問　題

1．次の計算をせよ．

(1)　$\begin{pmatrix} 8 & -2 \\ -5 & 6 \end{pmatrix}+\begin{pmatrix} 3 & -7 \\ 4 & 9 \end{pmatrix}-\begin{pmatrix} -4 & -6 \\ 8 & -1 \end{pmatrix}$

(2)　$4\begin{pmatrix} -3 & 2 \\ 2 & 0 \end{pmatrix}-3\begin{pmatrix} -4 & -1 \\ -6 & 5 \end{pmatrix}+5\begin{pmatrix} 1 & -3 \\ -3 & 2 \end{pmatrix}$

2．$A=\begin{pmatrix} a & b \\ c & d \end{pmatrix}$, $B=\begin{pmatrix} p & q \\ r & s \end{pmatrix}$ のとき，次の等式をそれぞれみたす行列 X を求めよ．

(1)　$A+X=A$

(2)　$A+X=O$

(3)　$A+X=B$

3．次の(1)，(2)を証明せよ．

(1)　$(h+k)A=hA+kA$

(2)　$k(A+B)=kA+kB$

上の等式から，次の等式(3)，(4)を導け．

(3)　$(h-k)A=hA-kA$

(4)　$k(A-B)=kA-kB$

次の(5)，(6)を証明せよ．

(5)　$kA=O$，$A\neq O \rightarrow k=0$

(6)　$kA=kB$，$A\neq B \rightarrow k=0$

4．a，b，c，d が実数のとき，行列

(1) $\begin{pmatrix} a & 0 \\ 0 & b \end{pmatrix}$　　(2) $\begin{pmatrix} 0 & a \\ -a & 0 \end{pmatrix}$

の形の行列全体の集合は，それぞれ **R**-加群 をなすといってよいか．

5．任意の実数 a，b，c，d に対して次の等式が成り立つとき，x，y，z，u の値を求めよ．

$$\begin{pmatrix} ax+bz & ay+bu \\ cx+dz & cy+du \end{pmatrix} = \begin{pmatrix} a & b \\ c & d \end{pmatrix}$$

6．$E=\begin{pmatrix} 1 & 0 \\ 0 & 0 \end{pmatrix}$，$F=\begin{pmatrix} 0 & 1 \\ 0 & 0 \end{pmatrix}$，$G=\begin{pmatrix} 0 & 0 \\ 1 & 0 \end{pmatrix}$，$H=\begin{pmatrix} 0 & 0 \\ 0 & 1 \end{pmatrix}$

とおけば，任意の行列 A は

$$A=\begin{pmatrix} a & b \\ c & d \end{pmatrix} = aE+bF+cG+dH$$

と表わされることを示せ．

§2

環としての行列

1　行列どうしの乗法

行列には，実数との乗法のほかに行列どうしの乗法がある．この乗法は，いままでの演算のように簡単に予想できない．だからといって天下りに約束を押しつけるのも気がひける．何かうまい実例はないものかと思案しても，身近かな具体例が頭にうかばない．数学的素材ではあるが，その生い立ちからみて，次の写像がしっくりするだろう．

平面上の点 (x,y) に，1次式

$$g:\begin{cases}x'=px+qy\\y'=rx+sy\end{cases}\qquad ①$$

によって定まる点 $(x',\ y')$ を対応させる写像 g を考えよう．この写像は，右辺の式の係数をこのまま並べて作った2次正方行列

$$B=\begin{pmatrix}p & q\\r & s\end{pmatrix}$$

によって定まる．

そこで，さらに点 $(x',\ y')$ に

$$f:\begin{cases}x''=ax'+by'\\y''=cx'+dy'\end{cases}\qquad ②$$

によって定まる点 $(x'',\ y'')$ を対応させる第2の写像 f を考えよう．この写像は2次正方行列

$$A=\begin{pmatrix}a & b\\c & d\end{pmatrix}$$

によって定まる．

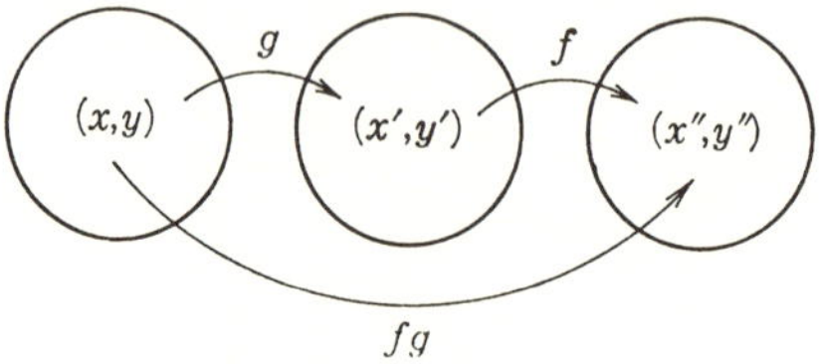

ここで，g に f を合成した写像 fg を作ってみよう．その式を作るには②に①を代入し x'，y' を消去すればよい．

$$\begin{cases} x'' = a(px+qy) + b(rx+sy) \\ y'' = c(px+qy) + d(rx+sy) \end{cases}$$

かきかえて

$$fg : \begin{cases} x'' = (ap+br)x + (aq+bs)y \\ y'' = (cp+dr)x + (cq+ds)y \end{cases}$$

この合成写像は 2 次正方行列

$$C = \begin{pmatrix} ap+br & aq+bs \\ cp+dr & cq+ds \end{pmatrix}$$

によって定まる.

写像と行列を対応させてみよ.

写像	f	g	fg
行列	A	B	C

C を AB で表わすのが自然である. そこでわれわれは, 2 つの行列 A, B に 1 つの行列 C を定める 2 項演算を考え**乗法**と名づけ

$$AB = \begin{pmatrix} a & b \\ c & d \end{pmatrix} \begin{pmatrix} p & q \\ r & s \end{pmatrix} = \begin{pmatrix} ap+br & aq+bs \\ cp+dr & cq+ds \end{pmatrix} = C$$

と表わし, 演算の結果を**積**と呼ぶことにする.

積の作り方は複雑に見える. 誤りなく作る手順を説明しておくのが親切であろう.

C の第 1 行で第 1 列の成分は, A の第 1 行の成分と B の第 1 列の成分とから作られている.

$$\begin{pmatrix} a & b \\ \_ & \_ \end{pmatrix} \begin{pmatrix} p & \_ \\ r & \_ \end{pmatrix} = \begin{pmatrix} ap+br & \_ \\ \_ & \_ \end{pmatrix}$$

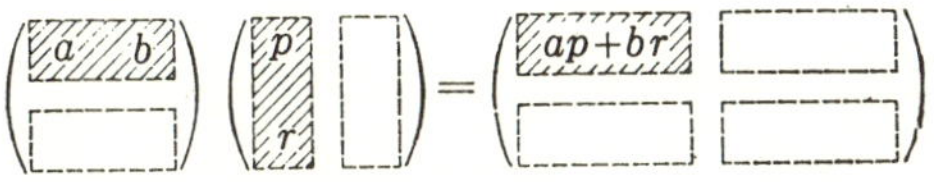

しかも, その作り方は, 2 つのベクトル

(a,b) と (p,r)

の内積と同じである.

C の第 2 行で第 1 列の成分は, A の第 2 行の成分と B の第 1 列の成分とから作られる.

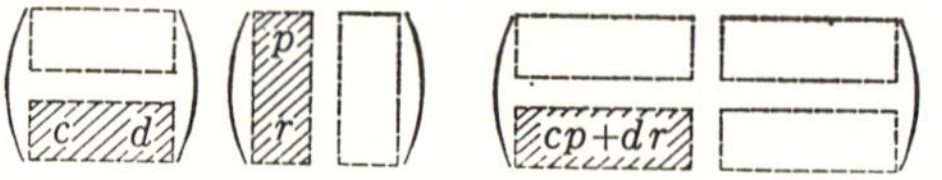

同様にして，C の第1行で第2列の成分は，A の第1行の成分と B の第2列の成分から，C の第2行で第2列の成分は，A の第2行の成分と B の第2列の成分とから作られる．

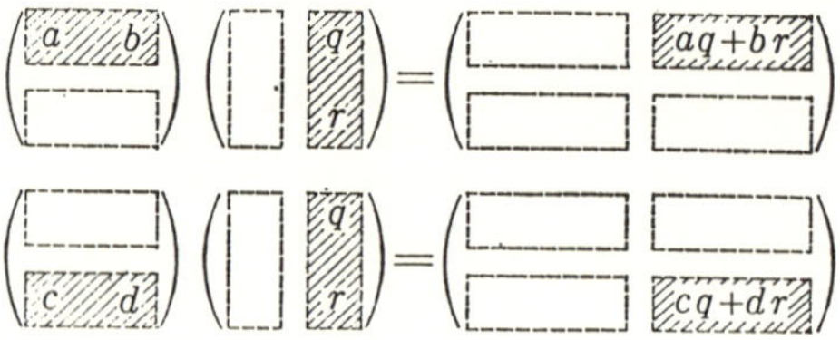

説明を何回きいたところで，実行1回にも劣る．とにかく，自分でやってみること．

「習うより慣れろ」が実践的教訓のようである．

$$AB = \begin{pmatrix} 4 & 3 \\ 5 & 7 \end{pmatrix}\begin{pmatrix} 2 & 6 \\ 9 & 8 \end{pmatrix}$$

一気にやるよりも，2回に分けてみるのがよさそうである．

B の第1列を固定し，A を第1行から第2行へとかえる．

第1行→ $\begin{pmatrix} 4 & 3 \\ 5 & 7 \end{pmatrix}\begin{pmatrix} 2 \\ 9 \end{pmatrix} = \begin{pmatrix} 4\cdot 2 + 3\cdot 9 \\ 5\cdot 2 + 7\cdot 9 \end{pmatrix}$
第2行→

　　　　　　　　第1列　　　第1列
　　　　　　　　（固定）　　（完成）

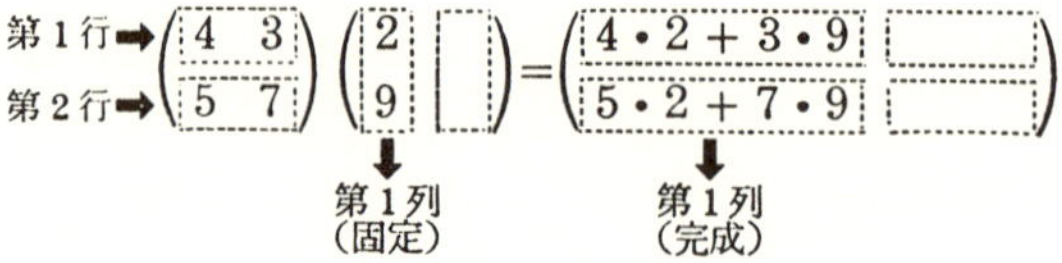

次に B の第2列を固定し，同様のことを試みる．

第1行→ $\begin{pmatrix} 4 & 3 \\ 5 & 7 \end{pmatrix}\begin{pmatrix} 6 \\ 8 \end{pmatrix} = \begin{pmatrix} 4\cdot 6 + 3\cdot 8 \\ 5\cdot 6 + 7\cdot 8 \end{pmatrix}$
第2行→

　　　　　　　　第2列　　　第2列
　　　　　　　　（固定）　　（完成）

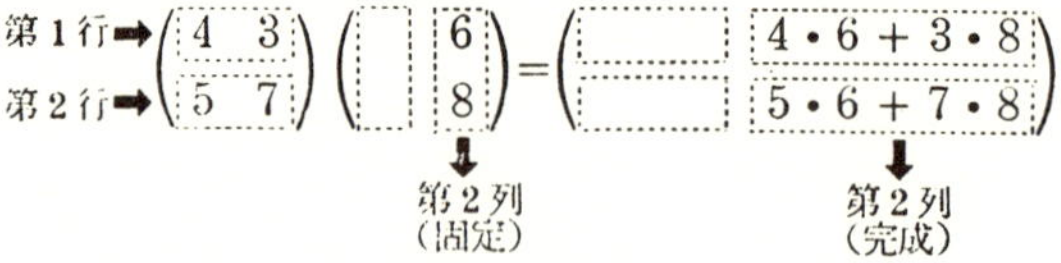

2回の結果を合せて

$$AB = \begin{pmatrix} 8+27 & 24+24 \\ 10+63 & 30+56 \end{pmatrix} = \begin{pmatrix} 35 & 48 \\ 73 & 86 \end{pmatrix}$$

成分に負の数や0があっても，積の作り方に変りはない．

$$\begin{pmatrix}2 & -5\\4 & 0\end{pmatrix}\begin{pmatrix}-3 & 8\\6 & -1\end{pmatrix}$$

$$=\begin{pmatrix}2\cdot(-3)+(-5)\cdot 6 & 2\cdot 8+(-5)\cdot(-1)\\4\cdot(-3)+0\cdot 6 & 4\cdot 8+0\cdot(-1)\end{pmatrix}$$

$$=\begin{pmatrix}-36 & 21\\-12 & 32\end{pmatrix}$$

2 どんな法則があるか

行列の乗法について，結合律や可換律が成り立つかどうかは，乗法の定義にもどり成分による計算で確める以外に手がない．

3つの行列を

$$A=\begin{pmatrix}a & b\\c & d\end{pmatrix},\quad B=\begin{pmatrix}p & q\\r & s\end{pmatrix},\quad C=\begin{pmatrix}k & l\\m & n\end{pmatrix}$$

とおき，結合律から調べてみる．

$$(AB)C=\begin{pmatrix}ap+br & aq+bs\\cp+dr & cq+ds\end{pmatrix}\begin{pmatrix}k & l\\m & n\end{pmatrix}$$

これを$\begin{pmatrix}x & y\\z & u\end{pmatrix}$とおくと

$$x=(ap+br)k+(aq+bs)m$$

$$y=(ap+br)l+(aq+bs)n$$

…………………………………

…………………………………

$$A(BC)=\begin{pmatrix}a & b\\c & d\end{pmatrix}\begin{pmatrix}pk+qm & pl+qn\\rk+sm & rl+sn\end{pmatrix}$$

これを$\begin{pmatrix}x' & y'\\z' & u'\end{pmatrix}$とおくと

$$x'=a(pk+qm)+b(rk+sm)$$

$$y'=a(pl+qn)+b(rl+sn)$$

…………………………………

…………………………………

以上のxとx'をくらべてみると，項の順序が異なるだけで，式と

して等しい．したがって $x=x'$，同様にして $y=y'$，$z=z'$，$u=u'$ となるから，

（ｉ）　結合律　$(AB)C=A(BC)$

が成り立つ．

×　　　　　　×

では，交換律はどうか．先の行列 A，B でみると

$$AB=\begin{pmatrix} ap+br & aq+bs \\ cp+dr & cq+ds \end{pmatrix}$$

$$BA=\begin{pmatrix} pa+qc & pb+qd \\ ra+sc & rb+sd \end{pmatrix}$$

この２つの行列は，一般には等しくない．したがって

$$AB=BA \qquad ①$$

は成り立つとは限らない．

①が不成立の例

$$AB=\begin{pmatrix} 1 & 1 \\ 0 & 0 \end{pmatrix}\begin{pmatrix} 0 & 1 \\ 0 & 1 \end{pmatrix}=\begin{pmatrix} 0 & 2 \\ 0 & 0 \end{pmatrix}$$

$$BA=\begin{pmatrix} 0 & 1 \\ 0 & 1 \end{pmatrix}\begin{pmatrix} 1 & 1 \\ 0 & 0 \end{pmatrix}=\begin{pmatrix} 0 & 0 \\ 0 & 0 \end{pmatrix}$$

①が成り立つ例

$$AB=\begin{pmatrix} 2 & 4 \\ 5 & 3 \end{pmatrix}\begin{pmatrix} 3 & -4 \\ -5 & 2 \end{pmatrix}=\begin{pmatrix} -14 & 0 \\ 0 & -14 \end{pmatrix}$$

$$BA=\begin{pmatrix} 3 & -4 \\ -5 & 2 \end{pmatrix}\begin{pmatrix} 2 & 4 \\ 5 & 3 \end{pmatrix}=\begin{pmatrix} -14 & 0 \\ 0 & -14 \end{pmatrix}$$

①が成り立つとき，A と B は**交換可能**であるという．

集合 G のどんな２つの要素 A，B をとっても交換可能なとき，すなわち，つねに

$$AB=BA$$

が成り立つとき，G は乗法について**可換律**が成り立つというのであるから，２次正方行列の集合は乗法に関しては可換律が成り立たない．

可換律が成り立つときは**可換的**ともいう．

可換的な実数や複素数の計算に親しんで来たわれわれにとって，

可換的でない行列の乗法は，いわばアキレス腱のようなもので，違和感からの脱出は容易でないだろう．

A，B が交換可能でないと $(AB)^2$ を A^2B^2 とかきかえることもできない．なぜかというに

$$(AB)^2=(AB)(AB)=A(BA)B$$

かっこの中の BA を AB とかきかえることは許されないためである．もしそれが許されるならば

$$A(BA)B=A(AB)B=(AA)(BB)=A^2B^2$$

となるのだが…….

× ×

加法と乗法を結びつける法則としては，分配律が成り立つ．

(ii)　$A(B+C)=AB+AC$

$(B+C)A=BA+CA$

分配律が2つあるのは，行列の乗法が可換的でないからである．

証明は成分に戻って行えばよい．

$$A=\begin{pmatrix} a & b \\ c & d \end{pmatrix},\quad B=\begin{pmatrix} p & q \\ r & s \end{pmatrix},\quad C=\begin{pmatrix} k & l \\ m & n \end{pmatrix}$$

とおいてみよ．

$$A(B+C)=\begin{pmatrix} a & b \\ c & d \end{pmatrix}\begin{pmatrix} p+k & q+l \\ r+m & s+n \end{pmatrix}$$

$$=\begin{pmatrix} a(p+k)+b(r+m) & a(q+l)+b(s+n) \\ c(p+k)+d(r+m) & c(q+l)+d(s+n) \end{pmatrix}$$

$$AB+AC$$

$$=\begin{pmatrix} ap+br & aq+bs \\ cp+dr & cq+ds \end{pmatrix}+\begin{pmatrix} ak+bm & al+bn \\ ck+dm & cl+dn \end{pmatrix}$$

$$=\begin{pmatrix} ap+br+ak+bm & aq+bs+al+bn \\ cp+dr+ck+dm & cq+ds+cl+dn \end{pmatrix}$$

以上の2つの行列の成分をくらべてみると，同じアドレスのものはそれぞれ等しい．したがって

$$A(B+C)=AB+AC$$

残りの法則の証明も同様である．

例1　(ii) から次の等式を導け.

(1)　$A(B-C)=AB-AC$

(2)　$(B-C)A=BA-CA$

(解)　(1)　ACを移項したものを説明する.

$$A(B-C)+AC=A\{(B-C)+C\}=AB$$

$$\therefore\quad A(B-C)=AB-AC$$

(2)　同様である.

×　　　　×

以上のほかに，行列の乗法とスカラー倍との関係とし，次の法則がある.

(iii)　$(kA)B=A(kB)=k(AB)$

証明は簡単だから，読者の課題としよう.

3　行列式の性質

行列を学ぶには行列式がほしく，行列式を学ぶには行列がほしい，というように，2つは互に補足の関係にある．ここで，行列式の知識を補っておこう.

2次の正方行列

$$A=\begin{pmatrix} a & b \\ c & d \end{pmatrix}$$

に対して，$ad-bc$ をAの行列式といい

$$|A| \text{ または } \det A$$

で表わす．det は determinant (行列式) の略である.

×　　　　×

行列の積と行列式との間にはどんな関係があるだろうか．すなわち，$|AB|$ と $|A|$，$|B|$ との関係を知りたい.

行列 A，B を成分で表わしたものを

$$A=\begin{pmatrix} a & b \\ c & d \end{pmatrix},\quad B=\begin{pmatrix} p & q \\ r & s \end{pmatrix}$$

とおいてみると

$$AB=\begin{pmatrix} ap+br & aq+bs \\ cp+dr & cq+ds \end{pmatrix}$$

これの行列式は

$$|AB|=(ap+br)(cq+ds)-(aq+bs)(cp+dr)$$

この式は因数分解されて

$$|AB|=(ad-bc)(ps-qr)$$

となる．ところが $ad-bc=|A|$，$ps-qr=|B|$ だから，次の定理が得られた．

（iv）$|AB|=|A|\cdot|B|$

応用はあとへ回し，行列式の性質をさらに追求しておこう．

×　　　　　×

行列式には，さらに，次の性質がある．

（v）行列式の性質

（1）第1行と第2行をいれかえれば，行列式の値は符号だけがかわる．

（2）1つの行の成分を k 倍すれば，行列式の値は k 倍になる．

（3）1つの行の k 倍を他の行に加えても行列式の値はかわらない．

（4）第1行の成分の等しい2つの行列式の和は，第1行はそのままで，第2行を加えた行列式に等しい．

証明するほどのものでなかろう．（1）～（3）は読者におまかせし，（4）を証明しておく．

$$\begin{vmatrix} a & b \\ c & d \end{vmatrix}+\begin{vmatrix} a & b \\ c' & d' \end{vmatrix}=\begin{vmatrix} a & b \\ c+c' & d+d' \end{vmatrix}$$

この等式を証明すればよい．

$$\begin{aligned} \text{左辺}&=(ad-bc)+(ad'-bc') \\ &=a(d+d')-b(c+c') \\ &=\text{右辺} \end{aligned}$$

列についても（1）～（4）に対応する性質がある．

例 2 k が実数のとき，次の等式は正しいか.

$$|kA|=k|A|$$

（解） $A=\begin{pmatrix} a & b \\ c & d \end{pmatrix}$ とおくと $kA=\begin{pmatrix} ka & kb \\ kc & kd \end{pmatrix}$

$$|kA|=ka\cdot kd-kb\cdot kc=k^2(ad-bc)$$

$$k|A|=k(ad-bc)$$

よって一般には $|kA|$ と $k|A|$ は等しくない．誤りがちな計算である．$|AB|=|A|\cdot|B|$ は A，B がともに2次の正方行列のときに成り立つもので，一方が実数のときは成り立たない．kA を2つの行列の積にかえてみよ．

$$kA=k\begin{pmatrix} 1 & 0 \\ 0 & 1 \end{pmatrix}\begin{pmatrix} a & b \\ c & d \end{pmatrix}=\begin{pmatrix} k & 0 \\ 0 & k \end{pmatrix}\begin{pmatrix} a & b \\ c & d \end{pmatrix}$$

$$\therefore \quad \begin{pmatrix} k & 0 \\ 0 & k \end{pmatrix}\begin{pmatrix} a & b \\ c & d \end{pmatrix}=\begin{pmatrix} ka & kb \\ kc & kd \end{pmatrix}$$

これならば行列式にかえた

$$\begin{vmatrix} k & 0 \\ 0 & k \end{vmatrix}\cdot\begin{vmatrix} a & b \\ c & d \end{vmatrix}=\begin{vmatrix} ka & kb \\ kc & kd \end{vmatrix}$$

は正しい.

4 単位行列と逆行列

実数を乗法でみると，1はどんな a に対しても $ax=xa=a$ をみたす x のただ1つの値であって，単位要素と呼ばれている.

これに当たるものが行列にもあるだろうか．すなわち X をある行列とするとき，任意の行列 A に対して

$$AX=XA=A \qquad ①$$

が成り立つことがあるだろうか.

いま，かりに①をみたす X があったとして，その X がなんであるかを探ってみよう.

$$A=\begin{pmatrix} a & b \\ c & d \end{pmatrix},\quad X=\begin{pmatrix} x & y \\ z & u \end{pmatrix}$$

とおくと，$AX=A$ から

$$\begin{pmatrix} ax+bz & ay+bu \\ cx+dz & cy+du \end{pmatrix}=\begin{pmatrix} a & b \\ c & d \end{pmatrix}$$

成分どうしの等式に分解して

$$\begin{cases} ax+bz=a, & ay+bu=b \\ cx+dz=c, & cy+du=d \end{cases}$$

a，b，c，d について整理すると

$$\begin{cases} a(x-1)+bz=0, & ay+b(u-1)=0 \\ c(x-1)+dz=0, & cy+d(u-1)=0 \end{cases}$$

これらは，任意の数 a，b，c，d について成り立つことから

$$x=1,\ y=0,\ z=0,\ u=1$$

$$\therefore\quad X=\begin{pmatrix} 1 & 0 \\ 0 & 1 \end{pmatrix} \qquad ②$$

同様にして，$XA=A$ をみたす X があると仮定しても，その X は上と同じ行列になる．

逆に ② の行列に対し

$$AX=\begin{pmatrix} a & b \\ c & d \end{pmatrix}\begin{pmatrix} 1 & 0 \\ 0 & 1 \end{pmatrix}=\begin{pmatrix} a & b \\ c & d \end{pmatrix}=A$$

$$XA=\begin{pmatrix} 1 & 0 \\ 0 & 1 \end{pmatrix}\begin{pmatrix} a & b \\ c & d \end{pmatrix}=\begin{pmatrix} a & b \\ c & d \end{pmatrix}=A$$

となり，① は成り立つ．

以上から ① をみたす X は ② に限ることがわかった．

行列 $\begin{pmatrix} 1 & 0 \\ 0 & 1 \end{pmatrix}$ を**単位行列**といい，ふつう E または I で表わす．この講座では E を用いよう．

E は $AX=A$，$XA=A$ をみたす唯一のものであったから，まとめると次の定理になる．

（vi）（1）（任意の A に対し $AX=A$）$\rightleftarrows$ $X=E$ $\rightleftarrows$（任意の A に対し $XA=A$）

（2）$AE=EA=A$

× ×

実数では，a が 0 でないならば

$$ax=xa=1$$

をみたす x がただ 1 つあり，それを a の逆数と呼び，$\dfrac{1}{a}$ または a^{-1} で表わした．

行列でも，これに対応するものがあるだろうか．すなわち行列 A に対して

$$AX=XA=E$$

をみたす X があるか．あるとすれば，どんな場合か．

×　　　　　　×

$AX=E$ をみたす X が少くとも 1 つはあったとする．両辺の行列式を求めると

$$|AX|=|E|$$

ところが $|AX|=|A|\cdot|X|$，また $|E|=1$ だから

$$|A|\cdot|X|=1$$

$$\therefore\quad |A|\neq 0 \qquad ①$$

さて，このときの X はどんな行列だろうか．

$$A=\begin{pmatrix} a & b \\ c & d \end{pmatrix},\quad X=\begin{pmatrix} x & y \\ z & u \end{pmatrix}$$

とおいて，x，y，z，u を求めてみよう．

$AX=E$ から

$$\begin{pmatrix} a & b \\ c & d \end{pmatrix}\begin{pmatrix} x & y \\ z & u \end{pmatrix}=\begin{pmatrix} 1 & 0 \\ 0 & 1 \end{pmatrix}$$

$$\begin{pmatrix} ax+bz & ay+bu \\ cx+dz & cy+du \end{pmatrix}=\begin{pmatrix} 1 & 0 \\ 0 & 1 \end{pmatrix}$$

成分に関する等式に分解すると

$$\begin{cases} ax+bz=1 \\ cx+dz=0 \end{cases} \qquad \begin{cases} ay+bu=0 \\ cy+du=1 \end{cases}$$

①のもとで，これらの連立方程式は次の解をもつ．

$$x=\frac{d}{ad-bc},\quad y=\frac{-b}{ad-bc}$$

$$z=\frac{-c}{ad-bc},\quad z=\frac{a}{ad-bc}$$

これで $AX=E$ をみたす X があったとすると，それは

$$\frac{1}{ad-bc}\begin{pmatrix} d & -b \\ -c & a \end{pmatrix} \text{ すなわち } \frac{1}{|A|}\begin{pmatrix} d & -b \\ -c & a \end{pmatrix}$$

に限ることが分った．

逆に $|A|\neq 0$ のときは，A に対して上の行列を作ることができる．この行列を $AX=E$ の X に代入してみると

$$\begin{aligned} AX &= \begin{pmatrix} a & b \\ c & d \end{pmatrix}\cdot\frac{1}{|A|}\begin{pmatrix} d & -b \\ -c & a \end{pmatrix} \\ &= \frac{1}{|A|}\begin{pmatrix} a & b \\ c & d \end{pmatrix}\begin{pmatrix} d & -b \\ -c & a \end{pmatrix} \\ &= \frac{1}{|A|}\begin{pmatrix} |A| & 0 \\ 0 & |A| \end{pmatrix} = \begin{pmatrix} 1 & 0 \\ 0 & 1 \end{pmatrix} = E \end{aligned}$$

となって，$AX=E$ をみたしている．したがって $AX=E$ をみたす X が少くとも1つある．

以上の証明によって，次のことがわかった．

$\left\{\begin{array}{l} AX=E \text{ をみたす } X \\ \text{が少くとも 1 つある} \end{array}\right. \rightleftarrows |A|\neq 0$

さらに，証明の副産物として

$AX=E$ をみたす X について

少くとも 1 つある → ただ 1 つある.

この逆は論理的につねに真だから

少くとも 1 つある ⇄ ただ 1 つある.

×　　　　×

同様のことが $XA=E$ についても成り立つことが確められる．

そこで，総括すれば，次の結論になる．

$AX=E$ をみたす X が少くとも 1 つある	⇄	$AX=E$ をみたす X が 1 つだけある
		↓↑
		$\lvert A\rvert\neq 0$
		↓↑
$XA=E$ をみたす X が少くとも 1 つある	⇄	$XA=E$ をみたす X が 1 つだけある

しかも，$AX=E$ をみたす X と $XA=E$ をみたす X とは，ともに

$$\frac{1}{|A|}\begin{pmatrix} d & -b \\ -c & a \end{pmatrix}$$

である．

上の行列を，行列 A の**逆行列**といい A^{-1} で表わす．

以上の結果を簡潔にまとめておこう．

(vii)　逆行列存在の定理

(1)　A に逆行列が存在 $\rightleftarrows$ $|A|\neq 0$

(2)　$AX=E \rightleftarrows XA=E \rightleftarrows X=A^{-1}$

(3)　$AA^{-1}=A^{-1}A=E$

×　　　　　　×

逆行列に関する簡単な例を1つ．

例3　次の行列に逆行列があるか．あるならば，それを求めよ．

(1)　$\begin{pmatrix} 6 & 2 \\ 5 & 3 \end{pmatrix}$　(2)　$\begin{pmatrix} 4 & -2 \\ 6 & -3 \end{pmatrix}$　(3)　$\begin{pmatrix} k & 1 \\ 1 & 0 \end{pmatrix}$　(4)　$\begin{pmatrix} a & 0 \\ b & 0 \end{pmatrix}$

(解)　与えられた行列を A で表わす．

(1)　$|A|=6\cdot 3-2\cdot 5=8$　　$\therefore$　$|A|\neq 0$

A には逆行列があって，それは

$$A^{-1}=\frac{1}{8}\begin{pmatrix} 3 & -2 \\ -5 & 6 \end{pmatrix}=\begin{pmatrix} \frac{3}{8} & -\frac{1}{4} \\ -\frac{5}{8} & \frac{3}{4} \end{pmatrix}$$

(2)　$|A|=4\cdot(-3)-(-2)\cdot 6=0$

A には逆行列がない．

(3)　$|A|=k\cdot 0-1\cdot 1=-1$　　$\therefore$　$|A|\neq 0$

A には逆行列があって，それは

$$A^{-1}=\frac{1}{-1}\begin{pmatrix} 0 & -1 \\ -1 & k \end{pmatrix}=\begin{pmatrix} 0 & 1 \\ 1 & -k \end{pmatrix}$$

(4)　$|A|=a\cdot 0-0\cdot b=0$

A には逆行列がない．

例4　次の行列の逆行列は θ を $-\theta$ で置きかえたものであること

を示せ.

$$A=\begin{pmatrix}\cos\theta & -\sin\theta\\ \sin\theta & \cos\theta\end{pmatrix}$$

（解） $|A|=\cos\theta\cdot\cos\theta-(-\sin\theta)\cdot\sin\theta=\cos^2\theta+\sin^2\theta=1$

$$\therefore\quad A^{-1}=\frac{1}{1}\begin{pmatrix}\cos\theta & \sin\theta\\ -\sin\theta & \cos\theta\end{pmatrix}=\begin{pmatrix}\cos(-\theta) & -\sin(-\theta)\\ \sin(-\theta) & \cos(-\theta)\end{pmatrix}$$

これは A の θ を $-\theta$ で置きかえたものである.

5　逆行列の性質

ここで，逆行列に関する法則のうち基本的なものをまとめてみる．すでに知ったものとしては

$$AA^{-1}=A^{-1}A=E \qquad ①$$

があるが，これは逆行列の定義に近い.

①の A と A^{-1} を入れかえた

$$A^{-1}A=AA^{-1}=E$$

をみると，A は $A^{-1}X=XA^{-1}=E$ の解になっている．X は A^{-1} の逆行列であるから $(A^{-1})^{-1}$ と表わされる．そこで

$$(A^{-1})^{-1}=A$$

×　　　×

A，B に逆行列があるとき，AB にも逆行列があるか．もしあるならばそれはどんなものだろうか.

AB の逆行列 X は

$$(AB)X=E \qquad ②$$

をみたすものであればよかった.

この X に $B^{-1}A^{-1}$ を代入してみると

$$(AB)(B^{-1}A^{-1})=A(BB^{-1})A^{-1}=AEA^{-1}=AA^{-1}=E$$

となって②をみたしている．したがって AB にも逆行列が存在し，それは $B^{-1}A^{-1}$ である.

$$(AB)^{-1}=B^{-1}A^{-1}$$

（viii）　逆行列の性質

（1）　$AA^{-1}=A^{-1}A=E$

（2）　A に逆行列があれば，A^{-1} にも逆行列があって

$(A^{-1})^{-1}=A$

（3）　A，B に逆行列があれば，AB にも逆行列があって

$$(AB)^{-1}=B^{-1}A^{-1}$$

法則（3）の等式で注意しなければならないのは，A，B の順序が左辺と右辺では反対なことである．

例5　A，B，C に逆行列があるとき，ABC にも逆行列があることを示し，次に

$$(ABC)^{-1}=C^{-1}B^{-1}A^{-1}$$

を証明せよ．

（解）　A，B に逆行列があれば AB にも逆行列がある．さらに C にも逆行列があるから $(AB)C$ すなわち ABC にも逆行列がある．

$$(ABC)^{-1}=((AB)C)^{-1}=C^{-1}(AB)^{-1}=C^{-1}(B^{-1}A^{-1})$$
$$=C^{-1}B^{-1}A^{-1}$$

×　　　　×

行列 A に逆行列があるとき，すなわち

$$|A|\neq 0$$

のとき，A は**正則**であるともいう．

$$A \text{ は正則} \rightleftarrows |A|\neq 0$$

A が正則ならば $AX=B$ をみたす X は簡単に求められる．両辺の左から A^{-1} をかけてみよ．$A^{-1}(AX)=A^{-1}B$，左辺は $(A^{-1}A)X=EX=X$ となるから $X=A^{-1}B$ である．

同様にして $YA=B$ をみたす行列は $Y=BA^{-1}$ である．

一般には X と Y は等しくない．X と Y が等しくなるのは

$$A^{-1}B=BA^{-1}$$

のときである．両辺の両側から A をかけると

$$A(A^{-1}B)A=A(BA^{-1})A$$

$$BA=AB$$

すなわち A と B が交換可能なときに限る．

例 6　$A=\begin{pmatrix}3 & 5\\2 & 4\end{pmatrix}$，$B=\begin{pmatrix}7 & -3\\6 & -8\end{pmatrix}$ のとき $AX=B$ をみたす X，$YA=B$ をみたす Y を求めよ．

（解）$AX=B$ から $X=A^{-1}B$

$$|A|=3\cdot4-5\cdot2=2$$

$$X=\frac{1}{2}\begin{pmatrix}4 & -5\\-2 & 3\end{pmatrix}\begin{pmatrix}7 & -3\\6 & -8\end{pmatrix}=\frac{1}{2}\begin{pmatrix}-2 & 28\\4 & -18\end{pmatrix}=\begin{pmatrix}-1 & 14\\2 & -9\end{pmatrix}$$

$YA=B$ から $Y=BA^{-1}$

$$Y=\begin{pmatrix}7 & -3\\6 & -8\end{pmatrix}\cdot\frac{1}{2}\begin{pmatrix}4 & -5\\-2 & 3\end{pmatrix}=\frac{1}{2}\begin{pmatrix}7 & -3\\6 & -8\end{pmatrix}\begin{pmatrix}4 & -5\\-2 & 3\end{pmatrix}$$

$$=\frac{1}{2}\begin{pmatrix}34 & -44\\40 & -54\end{pmatrix}=\begin{pmatrix}17 & -22\\20 & -27\end{pmatrix}$$

6　環としての行列

2 次の正方行列の全体を M とすると，M には加法．減法，乗法という 3 種の 2 項演算があり，次の条件をみたしている．

（1）M は加群である．

（2）M は乗法に関し非可換の準群（P.98参照）をなす．

すなわち乗法に関し，結合律をみたすが，可換律をみたさない．

（3）分配律が成り立つ．

$$A(B+C)=AB+AC$$

$$(B+C)A=BA+CA$$

このような性質をもつ集合 M を**環**というのである．乗法に関する可換律をみたさないので，くわしくいえば**非可換環**である．

この環には単位行列 E があって，行列 A は正則のとき，すなわち $|A|\neq0$ のときに限って逆行列をもつ．

×　　　　　×

M の要素のうち，とくに

$$K=\begin{pmatrix}k & 0\\0 & k\end{pmatrix}$$

の形のものに目をつけてみる．

このKは，かきかえると

$$K=k\begin{pmatrix}1 & 0\\0 & 1\end{pmatrix}=kE$$

K と任意の行列 A との積を求めてみると

$$KA=(kE)A=k(EA)=kA$$

$$AK=A(kE)=k(AE)=kA$$

つまり，A の右または左から K をかけることは，A に実数 k をかけることとかわらない．したがって，行列どうしの乗法の中には，行列の実数倍も含まれるとみることができる．見方をかえれば，行列の乗法に関する限り，２次正方行列 K は実数 k と同じとみてよいのである．

×　　　　　　×

実数では

$$ab=0 \rightarrow a=0 \text{ or } b=0$$

が成り立った．

また，実数と行列との積でも

$$kA=O \rightarrow k=0 \text{ or } A=O$$

ところが，行列どうしの乗法では

$$AB=O \rightarrow A=O \text{ or } B=O$$

が成り立たない．つまり

$$AB=O \text{ であるのに } A\neq O,\ B\neq O$$

のことがある．

たとえば

$$A=\begin{pmatrix}1 & 0\\1 & 0\end{pmatrix},\quad B=\begin{pmatrix}0 & 0\\1 & 1\end{pmatrix}$$

とすると A，B はともに O に等しくないのに，これらの積は O になる．

$$AB=\begin{pmatrix}1 & 0\\1 & 0\end{pmatrix}\begin{pmatrix}0 & 0\\1 & 1\end{pmatrix}=\begin{pmatrix}0 & 0\\0 & 0\end{pmatrix}=O$$

$AB=O$，$B\neq O$ のとき，A を B の**左零因子**という．

$AB=O$, $A \neq O$ のとき，B を A の**右零因子**という．

これらを合せて**零因子**というのである．

例 7　行列 $A=\begin{pmatrix} 2 & 3 \\ 4 & 6 \end{pmatrix}$ の右零因子を求めよ．

（解）　求める行列を $X=\begin{pmatrix} x & y \\ z & u \end{pmatrix}$ とおくと

$AX=O$ から

$$\begin{pmatrix} 2 & 3 \\ 4 & 6 \end{pmatrix}\begin{pmatrix} x & y \\ z & u \end{pmatrix}=\begin{pmatrix} 0 & 0 \\ 0 & 0 \end{pmatrix}$$

$$\therefore \quad \begin{cases} 2x+3z=0 \\ 4x+6z=0 \end{cases} \qquad \begin{cases} 2y+3u=0 \\ 4y+6u=0 \end{cases}$$

よって　　$x=3h$ とおくと $z=-2h$

$y=3k$ とおくと $u=-2k$

$$X=\begin{pmatrix} 3h & 3k \\ -2h & -2k \end{pmatrix} \text{（h，k は任意の実数）}$$

練　習　問　題

7．A、B，C が次の行列のとき，AB，BA，ABC，C^2，B^3 を求めよ．

$$A=\begin{pmatrix} 5 & -7 \\ 6 & -2 \end{pmatrix},\quad B=\begin{pmatrix} 1 & 2 \\ 0 & 1 \end{pmatrix},\quad C=\begin{pmatrix} 4 & 1 \\ -1 & 0 \end{pmatrix}$$

8．次の行列のうち，行列 $A=\begin{pmatrix} 2 & 5 \\ 7 & 4 \end{pmatrix}$ と交換可能なのはどれか．

$$P=\begin{pmatrix} 3 & 0 \\ 0 & 2 \end{pmatrix},\quad Q=\begin{pmatrix} 5 & 1 \\ 1 & 0 \end{pmatrix},\quad R=\begin{pmatrix} 0 & 5 \\ 7 & 2 \end{pmatrix},\quad S=\begin{pmatrix} 4 & 0 \\ -1 & 4 \end{pmatrix},$$

$$T=\begin{pmatrix} 4 & -5 \\ -7 & 2 \end{pmatrix}$$

9．成分を用いて，次の等式を証明せよ．

$$(kA)B=A(kB)=k(AB)$$

10．行列 $A=\begin{pmatrix} a & b \\ c & d \end{pmatrix}$ に対し，$\bar{A}=\begin{pmatrix} d & -b \\ -c & a \end{pmatrix}$ で表わすとき，次の

等式の成り立つことを証明せよ．

（1） $A+\bar{A}=(a+d)E$

（2） $A\bar{A}=\bar{A}A=(ad-bc)E$

11．次の行列が逆行列をもつための条件を求め，次にその条件の許で，逆行列を求めよ．

（1） $\begin{pmatrix} a & 0 \\ 0 & b \end{pmatrix}$　　（2） $\begin{pmatrix} 1 & 1 \\ k & 0 \end{pmatrix}$

12．$B=P^{-1}AP$ のとき，次の等式を証明せよ．

（1） $B^2=P^{-1}A^2P$　　（2） $B^3=P^{-1}A^3P$

13．行列 $A=\begin{pmatrix} 2 & 3 \\ 4 & 6 \end{pmatrix}$ の左零因子をすべて求めよ．

14．次のことは正しいか．

（1） $\begin{cases} AB=O \\ A\neq O \end{cases} \longrightarrow B=O$　　（2） $\begin{cases} AB=O \\ |A|\neq 0 \end{cases} \longrightarrow B=O$

15．$AB=kE$, $k\neq 0$ のとき，次のことを証明せよ．

（1） A, B は正則である．

（2） $B=kA^{-1}$

（3） $AB=BA$ である．

16．行列 $A=\begin{pmatrix} a & 0 \\ 0 & a \end{pmatrix}$ に実数 a を対応させる写像を f とすれば，次の等式が成り立つことを証明せよ．

（1） $f(A+B)=f(A)+f(B)$

（2） $f(A-B)=f(A)-f(B)$

（3） $f(AB)=f(A)f(B)$

（4） A が正則のとき $f(A^{-1})=\dfrac{1}{f(A)}$

§3

行列のなかのベクトル

1　行列としてのベクトル

われわれはベクトルの考えを拡張して行列を作った．逆にベクトルを行列の仲間として見直すことにしよう．

ベクトル $(3\ \ -2)$，$(-5\ \ 7\ \ -1)$ などは，行が1つの行列とみることができる．

これに対して，列が1つの行列

$$\begin{pmatrix} 4 \\ 3 \end{pmatrix} \qquad \begin{pmatrix} -2 \\ 6 \\ 7 \end{pmatrix}$$

なども考えられる．これらの行列は前のベクトルと同じ性質をもつので，以上を総括して**ベクトル**と呼ぶことにする．

ただし，2種のベクトルを区別することは必要なので，前のものを**行ベクトル**といい，後のものを**列ベクトル**という．

$$\text{ベクトル}\begin{cases} \text{行ベクトル} \\ \text{列ベクトル} \end{cases}$$

×　　　　　　×

これらのベクトルの加減と実数倍は，行列一般と同じであるから，ことさら取り上げるまでもない．あらたな課題になるのはベクトルどうしの乗法，ベクトルと行列の乗法である．

ベクトルは行列の特殊なものだから，その乗法は行列の乗法に矛盾するものであってはならない．そこで，2次正方行列の乗法を振り返ってみよう．

$$\begin{pmatrix} a \quad b \\ \end{pmatrix}\begin{pmatrix} p & \\ r & \end{pmatrix}=\begin{pmatrix} ap+br & \\ & \end{pmatrix}$$

この乗法の一部分を取り出してみよ．

$$(a\ \ b)\begin{pmatrix} p \\ r \end{pmatrix}=ap+br$$

この乗法は，行ベクトルに列ベクトルを掛けたもので，計算の原理はベクトルの内積と同じである．

そこで，一般にベクトルの乗法は，成分の個数の等しい行ベクトルと列ベクトルについて

$$(a\ \ b)\begin{pmatrix} p \\ q \end{pmatrix} = ap + bq$$

$$(a\ \ b\ \ c)\begin{pmatrix} p \\ q \\ r \end{pmatrix} = ap + bq + cr$$

などと定めることにする．

ベクトルは行列であるが特殊な型であるから，$\boldsymbol{a}, \boldsymbol{b}, \cdots, \boldsymbol{x}, \boldsymbol{y}, \cdots\cdots$ など，ゴチックの小文字で表わすのが慣用である．

例1　$\boldsymbol{a}$，$\boldsymbol{b}$，$\boldsymbol{p}$，$\boldsymbol{q}$ が次のベクトルのとき，積 $\boldsymbol{ap}, \boldsymbol{bq}$ を求めよ．

$$\boldsymbol{a} = (7\ \ 2),\quad \boldsymbol{b} = (-3\ \ 0\ \ 5),\quad \boldsymbol{p} = \begin{pmatrix} 3 \\ -8 \end{pmatrix},\quad \boldsymbol{q} = \begin{pmatrix} -9 \\ 2 \\ -7 \end{pmatrix}$$

（解）　$\boldsymbol{ap} = (7\ \ 2)\begin{pmatrix} 3 \\ -8 \end{pmatrix} = 7 \cdot 3 + 2 \cdot (-8) = 5,$

$$\boldsymbol{bq} = (-3\ \ 0\ \ 5)\begin{pmatrix} -9 \\ 2 \\ -7 \end{pmatrix} = (-3) \cdot (-9) + 0 \cdot 2 + 5 \cdot (-7) = -8$$

×　　　　　×

次に，行列と列ベクトルの乗法を考えてみよう．たとえば

$$\begin{pmatrix} a & b \\ c & d \end{pmatrix}\begin{pmatrix} p \\ q \end{pmatrix}$$

は，行列と行列の乗法

$$\begin{pmatrix} a & b \\ c & d \end{pmatrix}\begin{pmatrix} p & \square \\ q & \square \end{pmatrix} = \begin{pmatrix} ap + bq & \square \\ cp + dq & \square \end{pmatrix}$$

の半分とみれば予想されよう．

$$\begin{pmatrix} a & b \\ c & d \end{pmatrix}\begin{pmatrix} p \\ q \end{pmatrix} = \begin{pmatrix} ap + bq \\ cp + dq \end{pmatrix}$$

この計算はベクトルでみると，２つの乗法

$$(a\ \ b)\begin{pmatrix} p \\ q \end{pmatrix} = ap + bq$$

$$(c\ \ d)\begin{pmatrix} p \\ q \end{pmatrix} = cp + dq$$

を合わせたものに過ぎない．

例2　A，B，$\boldsymbol{p}$ が次のように与えられているとき，$A\boldsymbol{p}$，$B\boldsymbol{p}$ を求めよ．

$$A=\begin{pmatrix}7 & 5\\ -2 & 4\end{pmatrix},\quad B=\begin{pmatrix}a & 0\\ 0 & b\end{pmatrix},\quad \boldsymbol{p}=\begin{pmatrix}-6\\ 3\end{pmatrix}$$

（解）　$$A\boldsymbol{p}=\begin{pmatrix}7 & 5\\ -2 & 4\end{pmatrix}\begin{pmatrix}-6\\ 3\end{pmatrix}=\begin{pmatrix}7\cdot(-6)+5\cdot3\\ (-2)\cdot(-6)+4\cdot3\end{pmatrix}=\begin{pmatrix}-27\\ 24\end{pmatrix}$$

$$B\boldsymbol{p}=\begin{pmatrix}a & 0\\ 0 & b\end{pmatrix}\begin{pmatrix}-6\\ 3\end{pmatrix}+\begin{pmatrix}a\cdot(-6)+0\cdot3\\ 0\cdot(-6)+b\cdot3\end{pmatrix}=\begin{pmatrix}-6a\\ 3b\end{pmatrix}$$

×　　　　×

ここまでくれば，ベクトルと行列の乗法について多くを語ることはなさそうである．

行列どうしの乗法

$$\begin{pmatrix}a & b\\ \fbox{} & \end{pmatrix}\begin{pmatrix}p & q\\ r & s\end{pmatrix}=\begin{pmatrix}ap+br & aq+bs\\ \fbox{} & \fbox{}\end{pmatrix}$$

の一部分を取り出すことによって

$$(a\ \ b)\begin{pmatrix}p & q\\ r & s\end{pmatrix}=(ap+br\ \ aq+bs)$$

例3　$\boldsymbol{a}$，A，B が次のように与えられているとき，$\boldsymbol{a}A$，$\boldsymbol{a}B$ を求めよ．

$$\boldsymbol{a}=(2\ \ -4),\quad A=\begin{pmatrix}6 & 3\\ 5 & -1\end{pmatrix},\quad B=\begin{pmatrix}1 & k\\ k & 0\end{pmatrix}$$

（解）　$$\boldsymbol{a}A=(2\ \ -4)\begin{pmatrix}6 & 3\\ 5 & -1\end{pmatrix}$$
$$=(2\cdot6+(-4)\cdot5\quad 2\cdot3+(-4)\cdot(-1))$$
$$=(-8\ \ 10)$$

$$\boldsymbol{a}B=(2\ \ -4)\begin{pmatrix}1 & k\\ k & 0\end{pmatrix}$$
$$=(2\cdot1+(-4)\cdot k\quad 2\cdot k+(-4)\cdot0)$$
$$=(2-4k\ \ 2k)$$

×　　　　×

行ベクトル (9 6)，(4 5 7) はそれぞれ[1,2]型，[1,3]型の行列とみられる．一般に成分が n 個の行ベクトルは $[1,n]$ 型の行列である．

列ベクトル

$$\begin{pmatrix}7\\3\end{pmatrix}\qquad\begin{pmatrix}8\\-4\\2\end{pmatrix}$$

はそれぞれ[2,1]型，[3,1]型の行列である．一般に成分が m 個の列ベクトルは $[m,1]$ 型の行列である．

いままでに知った乗法をその型でみると

$$\begin{pmatrix}3&6\\4&5\end{pmatrix}\begin{pmatrix}2\\1\end{pmatrix}=\begin{pmatrix}12\\13\end{pmatrix}$$

は[2,2]型と[2,1]型の乗法で，結果は[2,1]型である．

また

$$(3\ \ 2)\begin{pmatrix}4&6\\7&8\end{pmatrix}=(26\ \ 34)$$

は[1,2]型と[2,2]型の乗法で，結果は[1,2]型である．

$$(3,2,4)\begin{pmatrix}7\\6\\5\end{pmatrix}=53$$

これは[1,3]型と[3,1]型の乗法で，結果は[1,1]型とみられる．

一般に行列の乗法は

$[l,m]$ 型 $\times[m,n]$ 型

のみが可能で，その結果は $[l,n]$ 型になる．

$[\boldsymbol{l},m]$ 型 $\times[m,\boldsymbol{n}]$ 型 $=[\boldsymbol{l},\boldsymbol{n}]$ 型

（m と m が）消える

この講座で取り扱う乗法は，主として

[1,2]×[2,1]　[1,2]×[2,2]　[2,2]×[2,1]　[2,1]×[1,2]

である．

2 行列のベクトル表現

行列は数を長方形に並べたものであるが，行列の乗法がベクトルの乗法によって組立てられていることからみて，行列はベクトルを並べたものとみることも可能である．いや，そのほうが式の簡素化に有効だといえる．

たとえば，2次の正方行列

$$A=\begin{pmatrix} a & b \\ c & d \end{pmatrix}$$

は行ベクトル $\boldsymbol{r}=(a\ \ b)$，$\boldsymbol{s}=(c\ \ d)$ を一列に並べたものとみられる．

$$A=\begin{pmatrix} (a\ \ b) \\ (c\ \ d) \end{pmatrix}=\begin{pmatrix} \boldsymbol{r} \\ \boldsymbol{s} \end{pmatrix}$$

また，この行列は2つの列ベクトル

$$\boldsymbol{p}=\begin{pmatrix} a \\ c \end{pmatrix} \qquad \boldsymbol{q}=\begin{pmatrix} b \\ d \end{pmatrix}$$

を一行に並べたものともみられる．

$$A=\left(\begin{pmatrix} a \\ c \end{pmatrix}\begin{pmatrix} b \\ d \end{pmatrix}\right)=(\boldsymbol{p}\ \ \boldsymbol{q})$$

×　　　　×

このような表わし方を用いるならば，

$$[2,2]\times[2,1] \rightarrow [2,1]\times[1,1]$$

のかきかえが可能である．すなわち

$$\begin{matrix} \boldsymbol{r}\Rightarrow \\ \boldsymbol{s}\Rightarrow \end{matrix}\begin{pmatrix} a & b \\ c & d \end{pmatrix}\begin{pmatrix} x \\ y \end{pmatrix} \rightarrow \begin{pmatrix} \boldsymbol{r} \\ \boldsymbol{s} \end{pmatrix}\boldsymbol{x}=\begin{pmatrix} \boldsymbol{rx} \\ \boldsymbol{sx} \end{pmatrix}$$

また

$$[1,2]\times[2,2] \rightarrow [1,1]\times[1,2]$$

のかきかえもある．すなわち

$$(x\ \ y)\underset{\substack{\Uparrow\ \ \Uparrow \\ \boldsymbol{p}\ \ \boldsymbol{q}}}{\begin{pmatrix} a & b \\ c & d \end{pmatrix}} \rightarrow \boldsymbol{x}(\boldsymbol{p}\ \ \boldsymbol{q})=(\boldsymbol{xp}\ \ \boldsymbol{xq})$$

さらに，2次正方行列どうしの乗法の場合には

$$[2,2]\times[2,2] \rightarrow [2,1]\times[1,2]$$

のかきかえがある．

$$\begin{matrix} \boldsymbol{r}\Rightarrow \\ \boldsymbol{s}\Rightarrow \end{matrix}\begin{pmatrix} a & b \\ c & d \end{pmatrix}\underset{\substack{\Uparrow\ \ \Uparrow \\ \boldsymbol{x}\ \ \boldsymbol{y}}}{\begin{pmatrix} x & y \\ z & u \end{pmatrix}} \rightarrow \begin{pmatrix} \boldsymbol{r} \\ \boldsymbol{s} \end{pmatrix}(\boldsymbol{x}\ \ \boldsymbol{y})=\begin{pmatrix} \boldsymbol{rx} & \boldsymbol{ry} \\ \boldsymbol{sx} & \boldsymbol{sy} \end{pmatrix}$$

このほかに，あとで必要なものとして，次のかきかえもあげてお

こう．

$$\begin{pmatrix} a & b \\ c & d \end{pmatrix}\begin{pmatrix} x & y \\ z & u \end{pmatrix} \to A(\boldsymbol{x}\ \boldsymbol{y})=(A\boldsymbol{x}\ A\boldsymbol{y})$$

$$\uparrow A \qquad \uparrow \boldsymbol{x}\ \uparrow \boldsymbol{y}$$

× ×

応用の例を二，三あげよう．

例 4 次の方程式を行列を用いて表わせ．

(1) $ax+by=h$ (2) $\begin{cases} ax+by=h \\ cx+dy=k \end{cases}$

（解） (1) $(a\ b)\begin{pmatrix} x \\ y \end{pmatrix}=h$

(2) $\begin{pmatrix} a & b \\ c & d \end{pmatrix}\begin{pmatrix} x \\ y \end{pmatrix}=\begin{pmatrix} h \\ k \end{pmatrix}$

よって $(a\ b)=\boldsymbol{a}$, $\begin{pmatrix} a & b \\ c & d \end{pmatrix}=A$, $\begin{pmatrix} x \\ y \end{pmatrix}=\boldsymbol{x}$, $\begin{pmatrix} h \\ k \end{pmatrix}=\boldsymbol{k}$

とおくならば

(1) $\boldsymbol{a}\boldsymbol{x}=h$ (2) $A\boldsymbol{x}=\boldsymbol{k}$

例 5 $ax^2+2hxy+by^2$ を行列を用いて表わせ．

（解） $ax^2+2hxy+by^2$

$=x(ax+hy)+y(hx+by)$

$=(x\ y)\begin{pmatrix} ax+hy \\ hx+by \end{pmatrix}$

$=(x\ y)\begin{pmatrix} a & h \\ h & b \end{pmatrix}\begin{pmatrix} x \\ y \end{pmatrix}$

例 6 a，b が実数で，$\boldsymbol{p}$，$\boldsymbol{q}$ がともに[2,1]型の列ベクトルであるとき

$$A=(a\boldsymbol{p}\ b\boldsymbol{q})$$

を $(\boldsymbol{p}\ \boldsymbol{q})$ と2次正方行列との積にかきかえよ．

（解） $A=(a\cdot\boldsymbol{p}+0\cdot\boldsymbol{q}\ \ 0\cdot\boldsymbol{p}+b\cdot\boldsymbol{q})$

$=(\boldsymbol{p}\ \boldsymbol{q})\begin{pmatrix} a & 0 \\ 0 & b \end{pmatrix}$

3 ベクトルの1次結合

ベクトルは演算でみれば，加減と実数倍であるから，ベクトルに関する式といえば，1次の同次式

$$\boldsymbol{pa}+\boldsymbol{qb}+\boldsymbol{rc}+\cdots\cdots$$

で，これを**ベクトルの1次結合**という．くわしくは

$\boldsymbol{pa}$ を $\boldsymbol{a}$ の1次結合

$\boldsymbol{pa}+\boldsymbol{qb}$ を $\boldsymbol{a}$，$\boldsymbol{b}$ の1次結合

$\boldsymbol{pa}+\boldsymbol{qb}+\boldsymbol{rc}$ を $\boldsymbol{a}$，$\boldsymbol{b}$，$\boldsymbol{c}$ の1次結合

というように呼ぶ．

ここで，$\boldsymbol{a}$，$\boldsymbol{b}$，$\boldsymbol{c}$ などは同じ型のベクトルで，p，q，r はもちろん実数である．

1次結合の集合にはどんな性質があるだろうか．これに答えるには，ベクトル空間を明かにしておかなければならない．

× ×

成分が2つの列ベクトル

$$\begin{pmatrix} x \\ y \end{pmatrix}$$

の全体を V とすると，V は $\boldsymbol{R}$ を作用域とする加群であった．このように $\boldsymbol{R}$-加群 をなす集合を**ベクトル空間**という．

V の部分集合のなかにも，それ自身で1つの $\boldsymbol{R}$-加群 をなすものがある．たとえば，第2成分が0のベクトル

$$\begin{pmatrix} x \\ 0 \end{pmatrix}$$

の全体 W がそうである．このとき W を V の**部分空間**という．

一般に V がベクトル空間であるとき，その部分集合 W が V の部分空間となるためには，次の2つの条件をみたせばよい．

(1) W は加法について閉じている．

$\boldsymbol{a}\in W$，$\boldsymbol{b}\in W \rightarrow \boldsymbol{a}+\boldsymbol{b}\in W$

(2) W は実数倍について閉じている．

$k\in \boldsymbol{R}$，$\boldsymbol{a}\in W \rightarrow k\boldsymbol{a}\in W$

これを証明するには W が減法について閉じていることをいえば

よい．

$\boldsymbol{a}\in W$，$\boldsymbol{b}\in W$ とすると (2) によって

$$-\boldsymbol{b}=(-1)\boldsymbol{b}\in W$$

したがって (1) によって

$$\boldsymbol{a}-\boldsymbol{b}=\boldsymbol{a}+(-\boldsymbol{b})\in W$$

これで W は減法について閉じていることがわかった．

演算に関する種々の法則が W においても成り立つことは，W がベクトル空間 V の部分集合であることから自明であろう．

× ×

部分空間で基本的なのは，1 次結合の作るものである．

例 7　ベクトル空間 V のある 2 つのベクトルを $\boldsymbol{a}$，$\boldsymbol{b}$ とするとき，$\boldsymbol{a}$，$\boldsymbol{b}$ の 1 次結合の全体，すなわち

$$W=\{p\boldsymbol{a}+q\boldsymbol{b}\mid p\in\boldsymbol{R},\ q\in\boldsymbol{R}\}$$

は V の部分空間である．これを証明せよ．

（解）先の (1)，(2) が成り立つことをいえばよい．

(1)　$\boldsymbol{x}\in W$，$\boldsymbol{y}\in W$ とすると

$$\boldsymbol{x}=p\boldsymbol{a}+q\boldsymbol{b},\quad \boldsymbol{y}=p'\boldsymbol{a}+q'\boldsymbol{b}$$

と表わされる．したがって

$$\boldsymbol{x}+\boldsymbol{y}=(p+p')\boldsymbol{a}+(q+q')\boldsymbol{b}\in W$$

(2)　$k\in\boldsymbol{R}$，$\boldsymbol{x}\in W$ とすると

$$k\boldsymbol{x}=k(p\boldsymbol{a}+q\boldsymbol{b})=(kp)\boldsymbol{a}+(kq)\boldsymbol{b}\in W$$

よって W は V の部分空間である．

× ×

例 7 で知った部分空間 W は，具体的には何を表すかを知りたくなるだろう．これを知るにはベクトルを点の座標とみて図解するのが近道である．

もし，$\boldsymbol{a}$，$\boldsymbol{b}$ がゼロベクトルでなく，かつ平行でもなかったとすると，3 点 O($\boldsymbol{0}$)，A($\boldsymbol{a}$)，B($\boldsymbol{b}$) は 1 つの平面 π を定め，1 次結合

$$\boldsymbol{x}=p\boldsymbol{a}+q\boldsymbol{b}$$

を座標とする点 P は平面 π 上にある．しかも p，q が任意の実数

値をとるとき，Pは平面π上の点を尽す．

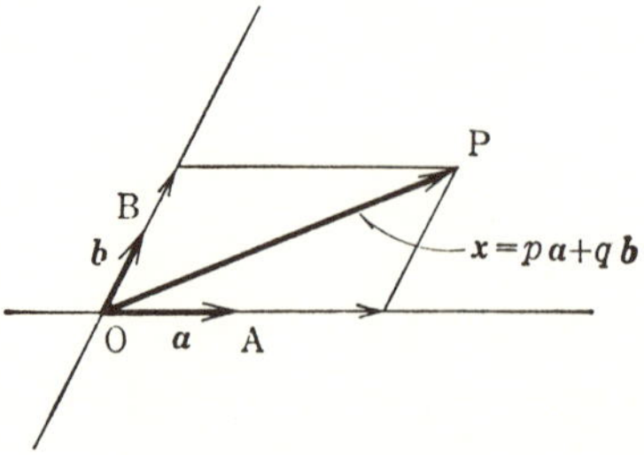

したがって，この平面が部分空間 W の幾何学的表現である．

$\boldsymbol{a}$，$\boldsymbol{b}$ が平行なときはどうか．このときは $\boldsymbol{b}=k\boldsymbol{a}$ をみたす実数 k があるから

$$\boldsymbol{x}=(p+qk)\boldsymbol{a}$$

となって，$\boldsymbol{a}$，$\boldsymbol{b}$ の１次結合は，実質は１つのベクトル $\boldsymbol{a}$ の１次結合と同じで，点Pは直線OA上にある．したがって，この直線が部分空間 W の幾何学的表現である．

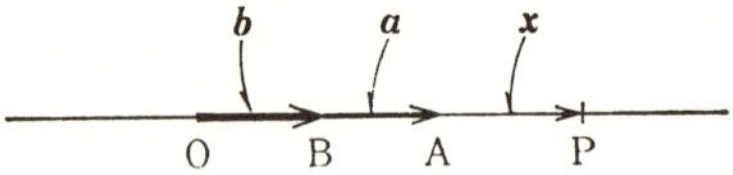

なお $\boldsymbol{a}$，$\boldsymbol{b}$ の一方だけゼロベクトルのときは，上と同じ．

$\boldsymbol{a}$，$\boldsymbol{b}$ がともにゼロベクトルのときは $\boldsymbol{x}$ もゼロベクトルで，部分空間 W は原点１つになる．

4 １次従属と１次独立

いま，われわれは $\boldsymbol{a}$，$\boldsymbol{b}$ の１次結合の作る部分空間は，$\boldsymbol{a}$，$\boldsymbol{b}$ の関係によって異なることを見た．

その関係は多様であったが，総括して，１つの考えでまとめる道がある．それがここで取りあげる１次従属，１次独立の概念なのである．

× ×

いくつかのベクトルがあり，それらのうちの１つが残りの１次結合で表されるとき，それらのベクトルは**１次従属**であるという．

ベクトルは何個であっても１次従属の内容に変りはないから，３つのベクトルで考えよう．

１次従属の定義Ⅰ

ベクトル $\boldsymbol{a}$，$\boldsymbol{b}$，$\boldsymbol{c}$ は，それらのうちの１つが残りの１次結合として表されるとき，すなわち

$$\boldsymbol{a}=m\boldsymbol{b}+n\boldsymbol{c} \text{ or } \boldsymbol{b}=m'\boldsymbol{a}+n'\boldsymbol{c} \text{ or } \boldsymbol{c}=m''\boldsymbol{a}+n''\boldsymbol{b}$$

となるとき，**１次従属**であるという．

この定義は，実は次のように，１つの式にまとめることもできるのである．

１次従属の定義Ⅱ

ベクトル $\boldsymbol{a}$，$\boldsymbol{b}$，$\boldsymbol{c}$ は，次の条件をみたす実数 p，q，r が存在するとき１次従属であるという．

$$\begin{cases} p\boldsymbol{a}+q\boldsymbol{b}+r\boldsymbol{c}=\boldsymbol{0} \\ p,\ q,\ r \text{ の少くとも１つは０でない．} \end{cases}$$

２つの定義は同値であることを明かにしておこう．

Ⅰ→Ⅱの証明

Ⅰが成り立つとする．たとえば

$$\boldsymbol{a}=m\boldsymbol{b}+n\boldsymbol{c}$$

のときは

$$(-1)\boldsymbol{a}+m\boldsymbol{b}+n\boldsymbol{c}=\boldsymbol{0}$$

$-1=p$，$m=q$，$n=r$ とみると

$$p\boldsymbol{a}+q\boldsymbol{b}+r\boldsymbol{c}=\boldsymbol{0}$$

$p\neq 0$ だから，p，q，r の中に０でないものがある．

他の２式の場合も同様である．

Ⅱ→Ⅰの証明

Ⅱが成り立つとすると

$$p\boldsymbol{a}+q\boldsymbol{b}+r\boldsymbol{c}=\boldsymbol{0}$$

で，かつ p，q，r の中には０でないものがある．たとえば $p\neq 0$ とすると，上の式は

$$\boldsymbol{a}=\left(-\frac{q}{p}\right)\boldsymbol{b}+\left(-\frac{r}{p}\right)\boldsymbol{c}$$

とかきかえられるから，$\boldsymbol{a}$ は $\boldsymbol{b}$，$\boldsymbol{c}$ の１次結合として表される．

例８　次のベクトルの組のうち，１次従属なのはどれか．

(1)　$\boldsymbol{a}=(4\ \ -2)$，$\boldsymbol{b}=(-6\ \ 3)$

(2)　$\boldsymbol{a}=(2\ \ 3)$，$\boldsymbol{b}=(5\ \ 4)$

(3)　$\boldsymbol{a}=(0\ \ 2\ \ 1)$，$\boldsymbol{b}=(2\ \ 0\ \ 1)$，$\boldsymbol{c}=(2\ \ 2\ \ 2)$

（解）　(1)　成分をくらべて　$3\boldsymbol{a}=-2\boldsymbol{b}$，$3\boldsymbol{a}+2\boldsymbol{b}=\boldsymbol{0}$　　１次従属

(2)　成分を見ただけでは分らない．かりに１次従属であったとすると，

$$\begin{cases} p\boldsymbol{a}+q\boldsymbol{b}=\boldsymbol{0} & \text{①} \\ p\neq 0 \text{ or } q\neq 0 & \text{②} \end{cases}$$

①から

$$p(2\ \ 3)+q(5\ \ 4)=(0\ \ 0)$$

$$(2p+5q\ \ 3p+4q)=(0\ \ 0)$$

$$\begin{cases} 2p+5q=0 \\ 3p+4q=0 \end{cases}$$

これを解くと $p=q=0$ となって②に矛盾する．よって $\boldsymbol{a}$，$\boldsymbol{b}$ は１次従属でない．

(3)　成分をながめて

$$\boldsymbol{a}+\boldsymbol{b}=\boldsymbol{c} \qquad\qquad \text{１次従属}$$

×　　　　×

上の例でみると(2)の２つのベクトル $\boldsymbol{a}$，$\boldsymbol{b}$ は１次従属でなかった．

このように，いくつかのベクトルが１次従属でないときは１次独立であるという．

１次独立は１次従属の否定であるから，たとえば $\boldsymbol{a}$，$\boldsymbol{b}$，$\boldsymbol{c}$ が１次独立であるための条件は１次従属の定義ⅠまたはⅡを否定することによって導かれる．

Ⅰの否定から導く

$\boldsymbol{a}$，$\boldsymbol{b}$，$\boldsymbol{c}$ のどの１つも，残りのベクトルの１次結合で表されない．

IIの否定から導く

$\boldsymbol{a}$, $\boldsymbol{b}$, $\boldsymbol{c}$ に対して

$$p\boldsymbol{a}+q\boldsymbol{b}+r\boldsymbol{c}=\boldsymbol{0}$$

ならば, p, q, r はすべて0である.

例9　2つのベクトル $\boldsymbol{a}=\begin{pmatrix}a_1\\a_2\end{pmatrix}$, $\boldsymbol{b}=\begin{pmatrix}b_1\\b_2\end{pmatrix}$ が1次従属であるための条件と1次独立であるための条件を求めよ.

（解）　1次従属であるとすると, 次の式をみたす p, q が存在する.

$$\begin{cases} p\boldsymbol{a}+q\boldsymbol{b}=\boldsymbol{0} & ① \\ p\neq 0 \text{ or } q\neq 0 & ② \end{cases}$$

①を成分で表し, 成分の等式に分解すると

$$\begin{cases} pa_1+qb_1=0 & ③ \\ pa_2+qb_2=0 & ④ \end{cases}$$

③, ④を p, q についての方程式とみると, ②によって $(p\ q)\neq(0\ 0)$ なる解をもつ. このための必要十分条件は

$$a_1b_2-a_2b_1=0$$

であるから, これが1次従属の条件である.

1次独立の条件は, 上の等式を否定した

$$a_1b_2-a_2b_1\neq 0$$

×　　　　　　　　×

$$\boldsymbol{a},\ \boldsymbol{b}\text{が1次従属} \rightleftarrows a_1b_2-a_2b_1=0$$

$$\boldsymbol{a},\ \boldsymbol{b}\text{が1次独立} \rightleftarrows a_1b_2-a_2b_1\neq 0$$

$\boldsymbol{a}$, $\boldsymbol{b}$ をならべて作った行列

$$A=(\boldsymbol{a}\ \boldsymbol{b})=\begin{pmatrix}a_1 & b_1\\a_2 & b_2\end{pmatrix}$$

でみると

$$\boldsymbol{a},\ \boldsymbol{b}\text{の1次従属} \rightleftarrows |A|=0$$

$$\boldsymbol{a},\ \boldsymbol{b}\text{が1次独立} \rightleftarrows |A|\neq 0$$

とも書きかえられる.

さて, $\boldsymbol{a}$, $\boldsymbol{b}$ が1次従属, 1次独立であることは, 矢線ベクトルで

みればどうなるか．

$\boldsymbol{a}$，$\boldsymbol{b}$ が1次従属のときから検討しよう．

もし $\boldsymbol{a}=\boldsymbol{0}$ ならば，$\boldsymbol{a}=0\cdot\boldsymbol{b}$ と表されるから $\boldsymbol{a}$，$\boldsymbol{b}$ は1次従属．同様にして $\boldsymbol{b}=\boldsymbol{0}$ のときも $\boldsymbol{a}$，$\boldsymbol{b}$ は1次従属．

$\boldsymbol{a}\neq\boldsymbol{0}$，$\boldsymbol{b}\neq\boldsymbol{0}$ のときは，さらに $\boldsymbol{a}/\!/\boldsymbol{b}$ ならば $\boldsymbol{a}=m\boldsymbol{b}$ なる実数 m があるから $\boldsymbol{a}$，$\boldsymbol{b}$ は1次従属．$\boldsymbol{a}/\!/\boldsymbol{b}$ でないときは $\boldsymbol{a}=m\boldsymbol{b}$ とも $\boldsymbol{b}=n\boldsymbol{a}$ ともならないから $\boldsymbol{a}$，$\boldsymbol{b}$ は1次従属でない．

まとめると

$$\left\{\begin{array}{l}\boldsymbol{a},\boldsymbol{b}\text{ は}\\ \text{1次従属}\end{array}\right. \rightleftarrows \left\{\begin{array}{l}\boldsymbol{a}=\boldsymbol{0}\text{ or }\boldsymbol{b}=\boldsymbol{0}\text{ or}\\ \boldsymbol{a}/\!/\boldsymbol{b}\end{array}\right.$$

1次独立の場合は，1次従属の場合の否定によって，すぐ，次の結果が出る．

$$\left\{\begin{array}{l}\boldsymbol{a},\boldsymbol{b}\text{ は}\\ \text{1次独立}\end{array}\right. \rightleftarrows \left\{\begin{array}{l}\boldsymbol{a}\neq\boldsymbol{0},\ \boldsymbol{b}\neq\boldsymbol{0}\text{ かつ}\\ \boldsymbol{a}/\!/\boldsymbol{b}\text{ でない．}\end{array}\right.$$

1つのベクトル $\boldsymbol{a}$ の1次従属，1次独立は簡単である．

$$\boldsymbol{a}\text{ は1次従属} \rightleftarrows \boldsymbol{a}=\boldsymbol{0}$$

$$\boldsymbol{a}\text{ は1次独立} \rightleftarrows \boldsymbol{a}\neq\boldsymbol{0}$$

× ×

高校では座標といえば，軸の直交するものだけが現れるが，ベクトルを取扱うときは，直交でないものも考えないと不便である．

1次独立な2つのベクトル，すなわち，ともに $\boldsymbol{0}$ でなく，かつ平行でもない2つのベクトル $\boldsymbol{a}$，$\boldsymbol{b}$ があるときは，原点として1点Oを選べば，座標を定めることができる．これを**平行座標系**といい

$$(\mathrm{O}\,;\boldsymbol{a},\ \boldsymbol{b})$$

で表す．

図で，P，Q，R，S の座標はそれぞれ

$$(3,\ 2),\ (-1,\ 3),\ (-1,\ -2),\ (2,\ -2)$$

であるが，この講座では主として列ベクトル

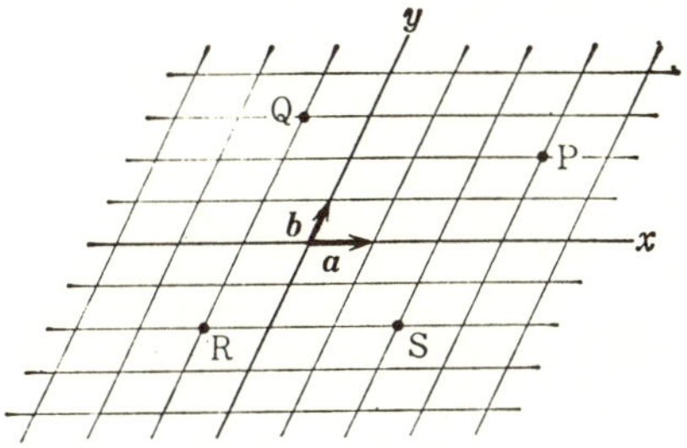

$$\begin{pmatrix}3\\2\end{pmatrix}\quad\begin{pmatrix}-1\\3\end{pmatrix}\quad\begin{pmatrix}-1\\-2\end{pmatrix}\quad\begin{pmatrix}2\\-2\end{pmatrix}$$

で表す.

一般に点Pの座標が$\begin{pmatrix}x\\y\end{pmatrix}$ならば

$$\overrightarrow{\mathrm{OP}}=x\boldsymbol{a}+y\boldsymbol{b}=(\boldsymbol{a}\ \ \boldsymbol{b})\begin{pmatrix}x\\y\end{pmatrix}$$

が成り立つ.

5 ベクトル空間の次元

成分が2つの列ベクトル全体 V_2 の要素をみると

$$\boldsymbol{a}=\begin{pmatrix}3\\4\end{pmatrix},\quad \boldsymbol{b}=\begin{pmatrix}5\\1\end{pmatrix}$$

のように，1次独立な2つのベクトルが存在する.

では，1次独立な3つのベクトルは存在するだろうか．任意に選んだ3つのベクトル

$$\boldsymbol{a}=\begin{pmatrix}a_1\\a_2\end{pmatrix},\quad \boldsymbol{b}=\begin{pmatrix}b_1\\b_2\end{pmatrix},\quad \boldsymbol{c}=\begin{pmatrix}c_1\\c_2\end{pmatrix}$$

で検討しよう.

もし，$\boldsymbol{a}$，$\boldsymbol{b}$ が1次従属であったとすると

$$\begin{cases} p\boldsymbol{a}+q\boldsymbol{b}=\boldsymbol{0} \\ p,\ q \text{ の少くとも一方は } 0 \text{ でない} \end{cases}$$

をみたす実数 p，q があるから,

$$\begin{cases} p\boldsymbol{a}+q\boldsymbol{b}+0\boldsymbol{c}=\boldsymbol{0} \\ p,\ q,\ 0 \text{ の少くとも1つは } 0 \text{ でない} \end{cases}$$

が成り立ち，$\boldsymbol{a}$，$\boldsymbol{b}$，$\boldsymbol{c}$ は1次従属になる．

では，$\boldsymbol{a}$，$\boldsymbol{b}$ が1次独立のときはどうか．もし $p\boldsymbol{a}+q\boldsymbol{b}=\boldsymbol{c}$ をみたす実数 p，q の存在，すなわち

$$\begin{cases} pa_1+qb_1=c_1 \\ pa_2+qb_2=c_2 \end{cases} \quad ①$$

をみたす実数 p，q の存在を確認できれば，$\boldsymbol{a}$，$\boldsymbol{b}$，$\boldsymbol{c}$ は1次従属である．

ところが，すでに例9で知ったように，$\boldsymbol{a}$, $\boldsymbol{b}$ が1次独立のときは

$$a_1b_2-a_2b_1 \neq 0$$

であったから，①をみたす p，q は1組存在する．したがって $\boldsymbol{a}$，$\boldsymbol{b}$，$\boldsymbol{c}$ は1次従属である．

V_2 の任意の3つのベクトルが1次従属ならば，任意の4つ以上のベクトルも1次従属になる．

× ×

一般にベクトル空間 V が

(1) n 個の1次独立なベクトルが存在する．

(2) $(n+1)$ 個以上の任意のベクトルは1次従属である．

という条件をみたすとき，V の**次元**は n であるといい，このことを

$$\dim V=n$$

で表す．

先の証明から，成分が2つのベクトル全体から成るベクトル空間

$$V_2=\left\{\begin{pmatrix} x \\ y \end{pmatrix} \middle| x\in \boldsymbol{R},\ y\in \boldsymbol{R}\right\}$$

の次元は2である．

例10 $\begin{pmatrix} x \\ 0 \end{pmatrix}$ なる形のベクトル全体 W は V_2 の部分空間である．W の次元を求めよ．

（解） $\boldsymbol{e}=\begin{pmatrix} 1 \\ 0 \end{pmatrix}$ は W に属し，しかも

$$p\boldsymbol{e}=\boldsymbol{0} \text{ ならば } \begin{pmatrix} p \\ 0 \end{pmatrix}=\begin{pmatrix} 0 \\ 0 \end{pmatrix}$$

$$\therefore\ p=0$$

となるから，1つのベクトル $\boldsymbol{e}$ は1次独立である．

W の任意の2つのベクトルを $\boldsymbol{a}=\begin{pmatrix} a \\ 0 \end{pmatrix}$, $\boldsymbol{b}=\begin{pmatrix} b \\ 0 \end{pmatrix}$ としよう．

もし $a=b=0$ ならば，$\boldsymbol{a}+\boldsymbol{b}=\boldsymbol{0}$ だから $\boldsymbol{a}$，$\boldsymbol{b}$ は1次従属である．

$a\neq 0$ または $b\neq 0$ のときは

$$b\boldsymbol{a}+(-a)\boldsymbol{b}=\boldsymbol{0}$$

において $b\neq 0$ または $-a\neq 0$ だから，$\boldsymbol{a}, \boldsymbol{b}$ は一次従属である．

任意の2つのベクトルが1次従属ならば，3つ以上のベクトルは1次従属になる．

以上によって

$$\dim W=1$$

6 行列のランク

先に行列は，ベクトルを並べて表されることを知った．したがってそのベクトルについて1次従属，1次独立を考えることができる．

たとえば[2,3]型の行列

$$A=\begin{pmatrix} 1 & 5 & 2 \\ 2 & 3 & 4 \end{pmatrix}=(\boldsymbol{a}\ \boldsymbol{b}\ \boldsymbol{c})$$

$$\ \ \ \ \uparrow\ \ \uparrow\ \ \uparrow$$
$$\ \ \ \ \boldsymbol{a}\ \ \boldsymbol{b}\ \ \boldsymbol{c}$$

でみると，$\boldsymbol{a}$ と $\boldsymbol{b}$，$\boldsymbol{b}$ と $\boldsymbol{c}$ は1次独立である．しかし $\boldsymbol{a}$ と $\boldsymbol{c}$ は1次従属だから $\boldsymbol{a}$，$\boldsymbol{b}$，$\boldsymbol{c}$ も1次従属である．したがって，1次独立なベクトルの最大個数は2である．このとき行列のランクは2であるといい

$$\mathrm{rank}\,A=2$$

で表す．

一般に，行列 A をベクトルで表したものを

$$A=(\boldsymbol{a},\boldsymbol{b},\boldsymbol{c},\cdots\cdots)$$

としたとき，$\boldsymbol{a}$，$\boldsymbol{b}$，$\boldsymbol{c}$，…… のうち1次独立なベクトルの最大個数を A の**ランク**といい，$\mathrm{rank}\,A$ で表すのである．

例11　次の行列 A，B のランクを求めよ．

(1)　$A=\begin{pmatrix} 3 & 2 \\ -6 & -4 \end{pmatrix}$

(2)　$B=\begin{pmatrix} 1 & 3 & 5 \\ 2 & 4 & 6 \end{pmatrix}$

(解)　(1)　$A=(\boldsymbol{a}\ \boldsymbol{b})$ とおくと

$$2\boldsymbol{a}+(-3)\boldsymbol{b}=\boldsymbol{0}$$

であるから，$\boldsymbol{a}$，$\boldsymbol{b}$ は1次従属．しかし，$\boldsymbol{a}$ 自身は1次独立であるから $\mathrm{rank}\,A=1$

(2)　$B=(\boldsymbol{a}\ \boldsymbol{b}\ \boldsymbol{c})$ とおくと $\boldsymbol{a}$ と $\boldsymbol{b}$ は1次独立である．しかし $\boldsymbol{a}$，$\boldsymbol{b}$，$\boldsymbol{c}$ は1次従属である．なぜかというに，2次元のベクトルは，どんな3つをとっても1次従属であったから．よって $\mathrm{rank}\,B=2$

例12　次の行列 A，B のランクを求めよ．

(1)　$A=\begin{pmatrix} 0 & 0 \\ 0 & 0 \end{pmatrix}=(\boldsymbol{a}\ \boldsymbol{b})$

(2)　$B=\begin{pmatrix} 1 & -2 & 3 \\ -2 & 4 & -6 \end{pmatrix}=(\boldsymbol{a}\ \boldsymbol{b}\ \boldsymbol{c})$

(解)　(1)　$\boldsymbol{a}=\boldsymbol{b}=\boldsymbol{0}$ ゼロベクトルでは p が0でなくとも $p\boldsymbol{0}=\boldsymbol{0}$ だから，$\boldsymbol{0}$ はそれ1つで1次従属とみられる．したがって，1次独立なベクトルはない．これは，1次独立なベクトルが0個とみられる．よって A のランクは0であるという．$\mathrm{rank}\,A=0$

(2)　$\boldsymbol{a}$，$\boldsymbol{b}$，$\boldsymbol{c}$ はどの2つも1次従属であるが，$\boldsymbol{a}\neq\boldsymbol{0}$ だから $\boldsymbol{a}$ 自身は1次独立．よって B のランクは1である．$\mathrm{rank}\,B=1$

練　習　問　題

17.　$A=\begin{pmatrix} 4 & -3 \\ -2 & 5 \end{pmatrix}$，$\boldsymbol{x}=\begin{pmatrix} 2 \\ 1 \end{pmatrix}$，$\boldsymbol{y}=\begin{pmatrix} -3 \\ 7 \end{pmatrix}$，$\boldsymbol{p}=(5\ \ -2)$，
$\boldsymbol{q}=(-4\ \ -5)$ のとき，$\boldsymbol{px}$，$\boldsymbol{qy}$，$\boldsymbol{p}A\boldsymbol{x}$，$\boldsymbol{q}A\boldsymbol{y}$ を求めよ．

18.　$\boldsymbol{p}=\begin{pmatrix} 2 \\ -4 \end{pmatrix}$，$\boldsymbol{q}=\begin{pmatrix} 2 \\ 3 \end{pmatrix}$，$\boldsymbol{r}=\begin{pmatrix} -5 \\ 6 \end{pmatrix}$ のとき，$(\boldsymbol{p}\ \boldsymbol{q})\boldsymbol{r}$，$(\boldsymbol{q}\ \boldsymbol{r})\boldsymbol{p}$，$(\boldsymbol{r}\ \boldsymbol{p})\boldsymbol{q}$ を求めよ．

19. $\boldsymbol{a}=(3\ \ -4)$, $\boldsymbol{b}=(5\ \ 6)$, $\boldsymbol{c}=(-2\ \ 1)$ のとき，$\boldsymbol{a}\begin{pmatrix}\boldsymbol{b}\\ \boldsymbol{c}\end{pmatrix}$, $\boldsymbol{b}\begin{pmatrix}\boldsymbol{c}\\ \boldsymbol{a}\end{pmatrix}$, $\boldsymbol{c}\begin{pmatrix}\boldsymbol{a}\\ \boldsymbol{b}\end{pmatrix}$ を求めよ．

20. $\boldsymbol{a}=\begin{pmatrix}3\\ -4\end{pmatrix}$, $\boldsymbol{x}=(x\ \ y)$ のとき，$\boldsymbol{ax}$ と $\boldsymbol{xa}$ を求めよ．

21. 次のベクトルのうち，1次独立な2つのベクトルの組をみつけよ．

$$\boldsymbol{a}=\begin{pmatrix}3\\ -6\end{pmatrix},\ \boldsymbol{b}=\begin{pmatrix}-4\\ 8\end{pmatrix},\ \boldsymbol{c}=\begin{pmatrix}1\\ 2\end{pmatrix},\ \boldsymbol{d}=\begin{pmatrix}-5\\ 10\end{pmatrix}$$

22. 次の 各組のベクトルが1次独立であるための 条件を求めよ．

(1) $\begin{pmatrix}b\\ \alpha-a\end{pmatrix}, \begin{pmatrix}b\\ \beta-a\end{pmatrix}$　　(2) $\begin{pmatrix}a\\ 12\end{pmatrix}, \begin{pmatrix}3\\ a\end{pmatrix}$

23. 平面上の3点 A($\boldsymbol{a}$)，B($\boldsymbol{b}$)，C($\boldsymbol{c}$) が三角形の 頂点に なる とき，平面上の点 P($\boldsymbol{x}$) に対して，次の条件をみたす3つの実数の組 $(p,\ q,\ r)$ が1つだけ定まることを明かにせよ．

$$\begin{cases}\boldsymbol{x}=p\boldsymbol{a}+q\boldsymbol{b}+r\boldsymbol{c}\\ p+q+r=1\end{cases}$$

24. 次の行列のランクを求めよ．

$$A=\begin{pmatrix}3 & 6\\ 4 & 5\end{pmatrix},\ B=\begin{pmatrix}3 & -6\\ -5 & 10\end{pmatrix},\ C=\begin{pmatrix}0 & 0\\ 0 & -3\end{pmatrix}$$

§4

線型写像と行列

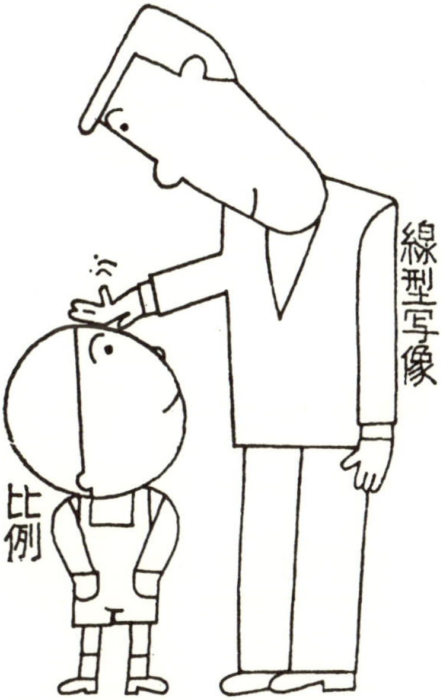

1 正比例の正体

小学校以来親しんで来た正比例というのは関数 $f(x)=ax$ のことである．x，a を実数とすると ax も実数だから，実数から実数への写像で，くわしくは

$$f:\begin{cases} \boldsymbol{R} \longrightarrow \boldsymbol{R} \\ x \longmapsto ax \end{cases}$$

によって表される．

高校では $\longrightarrow$ と $\longmapsto$ を区別しない．$\longrightarrow$ は定義域と終域の対応を示し，それらの要素の対応を示すのが $\longmapsto$ である．

× ×

この関数の特徴の関数方程式によるとらえ方はいろいろあるが，次の2つが，ベクトル空間への拡張とすなおに結びつく．

(1) $f(x+y)=f(x)+f(y)$

(2) $f(kx)=kf(x)$

証明するまでもないと思うが，あとあとのことを考慮し，念を押そう．

$$f(x+y)=a(x+y)=ax+ay=f(x)+f(y)$$
$$f(kx)=a(kx)=(ak)x=(ka)x=k(ax)=kf(x)$$

この証明をみると，(1) は実数の分配律によって支えられており，(2) は実数の乗法に関する結合律と可換律によって支えられている．

× ×

逆に $\boldsymbol{R}$ から $\boldsymbol{R}$ への写像 f が (1)，(2) をみたしていたら正比例になるだろうか．

(2) があれば

$$f(x)=f(x\cdot 1)=xf(1)$$

$f(1)$ は1つの実数であるから a で表せば

$$f(x)=ax$$

となって正比例が得られる．つまり (1) がなくとも，(2) だけあれば逆が成り立つ．

$f: \boldsymbol{R} \to \boldsymbol{R}$ において

$$f(x) = ax \rightleftarrows f(kx) = kf(x)$$

× ×

そこで誰しも，(1) から正比例 $f(x)=ax$ が導かれるだろうかという疑問を抱くだろう．それを探ってみる．

(1) を繰り返し用いることによって

$$f(x_1+x_2+\cdots\cdots+x_n)=f(x_1)+f(x_2)+\cdots\cdots+f(x_n) \quad ①$$

ここで $x_1=x_2=\cdots\cdots x_n=x$ とおくと

$$f(nx)=nf(x)$$

x は任意の実数だから，m が正の整数のとき $x=\frac{1}{m}$ とおくと

$$f\left(\frac{n}{m}\right)=nf\left(\frac{1}{m}\right) \quad ②$$

① で $n=m$，$x_1=x_2=\cdots\cdots x_m=\frac{1}{m}$ とおくと

$$f(1)=mf\left(\frac{1}{m}\right) \qquad \therefore \quad f\left(\frac{1}{m}\right)=\frac{1}{m}f(1)$$

これを ② に代入し，$f(1)=a$ とおくと

$$f\left(\frac{n}{m}\right)=a\frac{n}{m} \quad ③$$

これで $f(x)=ax$ は x が正の有理数のとき成り立つことが分った．

(1) で $x=y=0$ とおいて $f(0)=f(0)+f(0)$

$$\therefore \quad f(0)=0=a\cdot 0 \quad ④$$

また q を正の有理数とし (1) で $x=q$，$y=-q$ とおけば

$$f(0)=f(q)+f(-q)$$

$$\therefore \quad f(-q)=-f(q)$$

③ で $\frac{n}{m}$ を q とみると $f(q)=aq$

$$\therefore \quad f(-q)=a(-q) \quad ⑤$$

③，④，⑤ によって，x が有理数のとき

$$f(x)=ax$$

は成り立つことがわかった．

しかし，これ以上はすすめないので，x が無理数のときに成り立つことは導けない．つまり

$$f(x)=ax \longrightarrow (1)$$

は正しいが，この逆は正しくない．

× ×

ベクトルの本をみると「実数全体 $\boldsymbol{R}$ もベクトル空間とみられる」などとあり，そのままうのみにしている人は多い．しかし「なぜですか」と問うてみるとはっきり答える人は少ないから不思議である．特殊なものは，特殊過ぎると特異に見えるからであろうか．

実数の集合を2つ考え，$\boldsymbol{R}$，V と区別し，V の要素 a は (a) で表し，その加減を

$$(a)+(b)=(a+b)$$
$$(a)-(b)=(a-b)$$

と表す．$\boldsymbol{R}$ は V の作用域とみて，$\boldsymbol{R}$ の要素を k とするとき，実数倍は

$$k(a)=(ka)$$

と定める．

こうすれば V が $\boldsymbol{R}$- 加群になることはあきらかであろう．V は1次元のベクトル空間であるが，かっこを略し $k(a)$ を ka とかくために，ベクトルと作用素の区別が失われ，混乱が起きるのである．

× ×

そこで V の要素 x を (x) とかき，実数との区別をはっきりさせるため，ベクトルの表し方にしたがい

$$\boldsymbol{x}=(x)$$

と表すことにしよう．

この区別によって，正比例にどんな変化が起きるだろうか．写像の式は

$$f(\boldsymbol{x})=a\boldsymbol{x} \qquad (a\in\boldsymbol{R},\ \boldsymbol{x}\in V)$$

これのみたす関数方程式は

$$f(\boldsymbol{x}+\boldsymbol{y})=f(\boldsymbol{x})+f(\boldsymbol{y})$$

$$f(k\boldsymbol{x})=kf(\boldsymbol{x}) \qquad (k\in\boldsymbol{R})$$

とかわる．この書きかえによって，正比例を一般のベクトル空間の写像へ拡張する道が開かれる．

2　線型写像 $V_2\to V_1$, $V_1\to V_2$

一般に V, W をベクトル空間とするとき，V から W への写像 f が次の2条件をみたすとき，f を **線型写像** という．

(3)　$f(\boldsymbol{x}+\boldsymbol{y})=f(\boldsymbol{x})+f(\boldsymbol{y})$

(4)　$f(k\boldsymbol{x})=kf(\boldsymbol{x}) \qquad (k\in\boldsymbol{R})$

これから先，n 次元のベクトル空間を V_n で表すことにする．

×　　　　×

簡単な例として，V_2 から V_1 への線型写像 f をとりあげ，それがどんな式で表されるかを探ってみよう．

$$f:\begin{cases} V_2 \longrightarrow V_1 \\ \boldsymbol{x} \longmapsto x' \end{cases} \qquad ①$$

V_2 の単位ベクトルを $\boldsymbol{e}=\begin{pmatrix}1\\0\end{pmatrix}$, $\boldsymbol{f}=\begin{pmatrix}0\\1\end{pmatrix}$ とおくと

$$\boldsymbol{x}=\begin{pmatrix}x\\y\end{pmatrix}=\begin{pmatrix}x\\0\end{pmatrix}+\begin{pmatrix}0\\y\end{pmatrix}=x\boldsymbol{e}+y\boldsymbol{f}$$

ここで (3), (4) を用いると

$$x'=f(\boldsymbol{x})=f(x\boldsymbol{e}+y\boldsymbol{f})=f(x\boldsymbol{e})+f(y\boldsymbol{f})=xf(\boldsymbol{e})+yf(\boldsymbol{f})$$

$f(\boldsymbol{e})$, $f(\boldsymbol{f})$ は V_1 の要素であるから，それぞれ1つの実数である．そこで $f(\boldsymbol{e})=a$, $f(\boldsymbol{f})=b$ とおくと

$$x'=f(\boldsymbol{x})=ax+by$$

行列の積を用いて表せば

$$x'=f(\boldsymbol{x})=\boldsymbol{a}\boldsymbol{x},\ \ \boldsymbol{a}=(a,b),\ \ \boldsymbol{x}=\begin{pmatrix}x\\y\end{pmatrix} \qquad ②$$

逆に，この写像が線型写像の2条件をみたすことの証明はやさしい．すなわち

$$f(\boldsymbol{x}+\boldsymbol{y})=\boldsymbol{a}(\boldsymbol{x}+\boldsymbol{y})=\boldsymbol{a}\boldsymbol{x}+\boldsymbol{a}\boldsymbol{y}=f(\boldsymbol{x})+f(\boldsymbol{y})$$

$$f(k\boldsymbol{x})=\boldsymbol{a}(k\boldsymbol{x})=k(\boldsymbol{a}\boldsymbol{x})=kf(\boldsymbol{x})$$

したがって，② は線型写像 ① を表す式である．

上の写像は，$\boldsymbol{x}$ を平面上の点の座標，x' を直線上の点の座標とみると，平面上の点を直線上の点へうつす写像で，直線 $ax+by=k$ 上のすべての点は k を座標とする 1 つの点にうつる．

例 1　線型写像 $x'=2x+y$ を図解せよ．

（解）　V_2 から V_1 への写像であって，直線 $2x+y=k$ 上のすべての点 $\begin{pmatrix} x \\ y \end{pmatrix}$ は 1 点 (k) にうつることに気付けば，図解は簡単である．

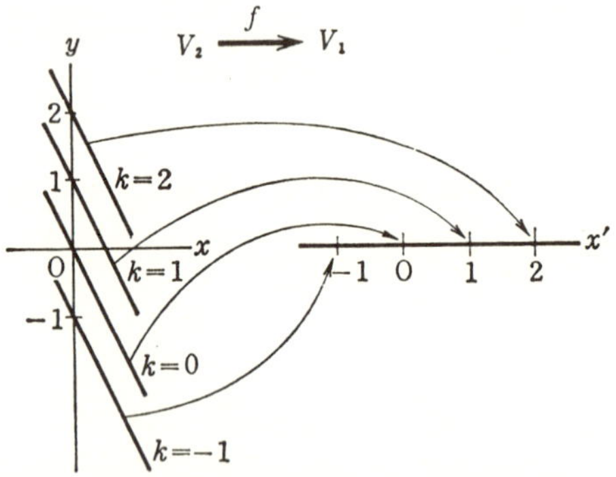

×　　　　×

次に V_1 から V_2 への線型写像の式を求めてみよう．

$$f:\begin{cases} V_1 \longrightarrow V_2 \\ x \longrightarrow \boldsymbol{x}' \end{cases}$$

$$\boldsymbol{x}'=f(x)=f(x\cdot 1)=xf(1)$$

$f(1)$ は V_2 の要素であるから $\boldsymbol{a}$ とおくと

$$\boldsymbol{x}'=x\boldsymbol{a}$$

さらに $\boldsymbol{x}'=\begin{pmatrix} x' \\ y' \end{pmatrix}$，$\boldsymbol{a}=\begin{pmatrix} a \\ c \end{pmatrix}$ とおくと

$$\begin{pmatrix} x' \\ y' \end{pmatrix}=x\begin{pmatrix} a \\ c \end{pmatrix} \qquad \therefore \begin{cases} x'=ax \\ y'=cx \end{cases}$$

逆に，これが線型写像の条件をみたすことの証明は読者の課題としよう．

例2　次の写像を図示せよ．

$$\begin{cases} x'=3x \\ y'=2x \end{cases}$$

（解）　これは V_1 から V_2 への写像で，どんな x に対しても $2x'-3y'=0$ が成り立つから，V_1 上の点は V_2 内の1直線 $2x'-3y'=0$ 上へうつる．

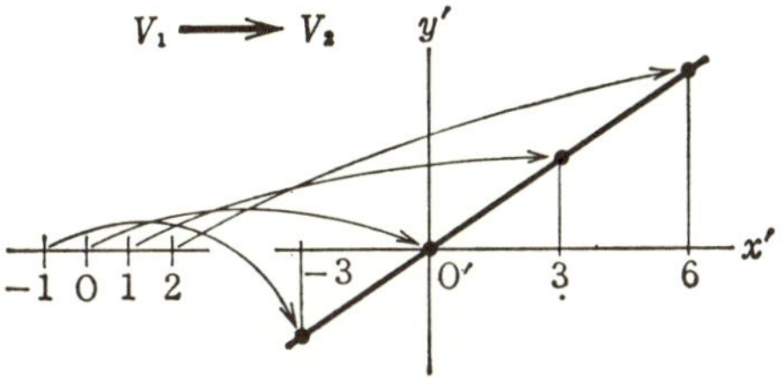

3　線型写像 $V_2 \to V_2'$

線型写像がそれらしくなるのは，定義域と終域がともに2次元以上のベクトル空間になる場合である．ここでは，その最も簡単な場合である V_2 から V_2' への写像を取りあげる．

$$f:\begin{cases} V_2 \longrightarrow V_2' \\ \boldsymbol{x} \longmapsto \boldsymbol{x}' \end{cases}$$

この写像はどんな式で表されるか．

$$\boldsymbol{x}=\begin{pmatrix} x \\ y \end{pmatrix}=x\begin{pmatrix} 1 \\ 0 \end{pmatrix}+y\begin{pmatrix} 0 \\ 1 \end{pmatrix}=x\boldsymbol{e}+y\boldsymbol{f}$$

とおくと

$$\boldsymbol{x}'=f(\boldsymbol{x})=f(x\boldsymbol{e}+y\boldsymbol{f})=f(x\boldsymbol{e})+f(y\boldsymbol{f})=xf(\boldsymbol{e})+yf(\boldsymbol{f})$$

$\boldsymbol{x}'$，$f(\boldsymbol{e})$，$f(\boldsymbol{f})$ も2次元のベクトルであるから $\boldsymbol{x}'=\begin{pmatrix} x' \\ y' \end{pmatrix}$，$f(\boldsymbol{e})=\begin{pmatrix} a \\ c \end{pmatrix}$，$f(\boldsymbol{f})=\begin{pmatrix} b \\ d \end{pmatrix}$ とおくと

$$\begin{pmatrix} x' \\ y' \end{pmatrix} = x\begin{pmatrix} a \\ c \end{pmatrix} + y\begin{pmatrix} b \\ d \end{pmatrix} = \begin{pmatrix} ax+by \\ cx+dy \end{pmatrix}$$

$$\therefore \begin{cases} x' = ax+by \\ y' = cx+dy \end{cases}$$

行列の乗法で表せば

$$\begin{pmatrix} x' \\ y' \end{pmatrix} = \begin{pmatrix} a & b \\ c & d \end{pmatrix}\begin{pmatrix} x \\ y \end{pmatrix}$$

さらに $\begin{pmatrix} a & b \\ c & d \end{pmatrix} = A$ とおいて

$$\boldsymbol{x}' = A\boldsymbol{x} \qquad ①$$

逆証は読者におまかせする.

× ×

上の線形写像は2次元ベクトルを2次元ベクトルにうつす写像である. しかし, ベクトルは点の座標とみることもできるから, この写像は平面上の点を平面上の点にうつすとみることもできる.

簡単な線型写像の式を求めてみる.

x 軸に関する対称移動

$$\begin{cases} x' = x \\ y' = -y \end{cases} \qquad \therefore \begin{pmatrix} x' \\ y' \end{pmatrix} = \begin{pmatrix} 1 & 0 \\ 0 & -1 \end{pmatrix}\begin{pmatrix} x \\ y \end{pmatrix}$$

y 軸に関する対称移動

$$\begin{cases} x' = -x \\ y' = y \end{cases} \qquad \therefore \begin{pmatrix} x' \\ y' \end{pmatrix} = \begin{pmatrix} -1 & 0 \\ 0 & 1 \end{pmatrix}\begin{pmatrix} x \\ y \end{pmatrix}$$

原点に関する対称移動

$$\begin{cases} x' = -x \\ y' = -y \end{cases} \qquad \therefore \begin{pmatrix} x' \\ y' \end{pmatrix} = \begin{pmatrix} -1 & 0 \\ 0 & -1 \end{pmatrix}\begin{pmatrix} x \\ y \end{pmatrix}$$

直線 $y=x$ に関する対称移動

$$\begin{cases} x' = y \\ y' = x \end{cases} \qquad \therefore \begin{pmatrix} x' \\ y' \end{pmatrix} = \begin{pmatrix} 0 & 1 \\ 1 & 0 \end{pmatrix}\begin{pmatrix} x \\ y \end{pmatrix}$$

直線 $y=-x$ に関する対称移動

$$\begin{cases} x' = -y \\ y' = -x \end{cases} \qquad \therefore \begin{pmatrix} x' \\ y' \end{pmatrix} = \begin{pmatrix} 0 & -1 \\ -1 & 0 \end{pmatrix}\begin{pmatrix} x \\ y \end{pmatrix}$$

例 3　直線 $y=2x$ に関する対称移動の式を求めよ．

（解）　まだ予備知識が十分でないから初歩的な解き方で満足しなければならない．

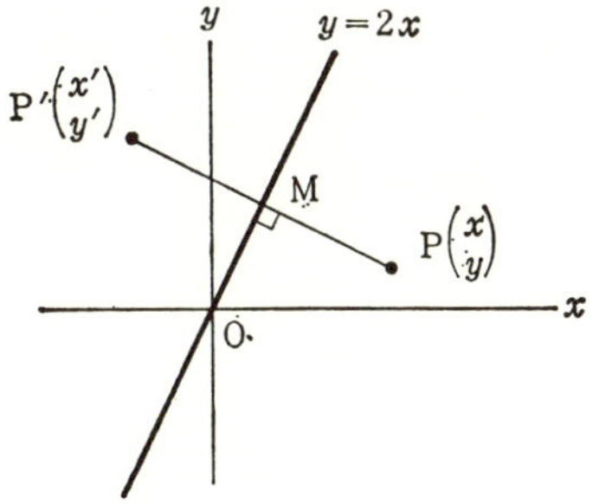

点 P が P′ へうつるとすると直線 PP′ は直線 $y=2x$ に垂直で，線分 PP′ の中点 M はその直線 $y=2x$ 上にある．したがって

$$\frac{y'-y}{x'-x}\cdot 2=-1,\quad \frac{y'+y}{2}=2\cdot\frac{x'+x}{2}$$

これらを簡単にすると

$$\begin{cases} x'+2y'=x+2y \\ 2x'-y'=-2x+y \end{cases}$$

x', y' について解いて

$$\begin{cases} x'=-\dfrac{3}{5}x+\dfrac{4}{5}y \\ y'=\dfrac{4}{5}x+\dfrac{3}{5}y \end{cases}$$

$$\therefore\quad \begin{pmatrix} x' \\ y' \end{pmatrix}=\begin{pmatrix} -\dfrac{3}{5} & \dfrac{4}{5} \\ \dfrac{4}{5} & \dfrac{3}{5} \end{pmatrix}\begin{pmatrix} x \\ y \end{pmatrix}$$

この式から，この移動も線型写像であることがわかった．

×　　　　　×

線型写像

$$\begin{pmatrix} x' \\ y' \end{pmatrix}=\begin{pmatrix} a & b \\ c & d \end{pmatrix}\begin{pmatrix} x \\ y \end{pmatrix} \qquad ①$$

によって，

$$\begin{pmatrix}1\\0\end{pmatrix}\longmapsto\begin{pmatrix}a\\c\end{pmatrix}\qquad\begin{pmatrix}0\\1\end{pmatrix}\longmapsto\begin{pmatrix}b\\d\end{pmatrix}\qquad ②$$

逆に②の対応を与える線形写像を

$$\begin{pmatrix}x'\\y'\end{pmatrix}=\begin{pmatrix}p&q\\r&s\end{pmatrix}\begin{pmatrix}x\\y\end{pmatrix}$$

としてみると

$$\begin{pmatrix}a\\c\end{pmatrix}=\begin{pmatrix}p&q\\r&s\end{pmatrix}\begin{pmatrix}1\\0\end{pmatrix}=\begin{pmatrix}p\\r\end{pmatrix}\qquad\therefore\ \begin{matrix}a=p\\c=r\end{matrix}$$

$$\begin{pmatrix}b\\d\end{pmatrix}=\begin{pmatrix}p&q\\r&s\end{pmatrix}\begin{pmatrix}0\\1\end{pmatrix}=\begin{pmatrix}q\\s\end{pmatrix}\qquad\therefore\ \begin{matrix}b=q\\d=s\end{matrix}$$

となって，①と一致する．

そこで，次の結論が得られた．

線型写像 $f: V_2\longrightarrow V_2'$ が2組の対応②を与えるならば，その式は①によって表される．

例4　次の対応を与える線型写像の式を求めよ．

$$\begin{pmatrix}1\\0\end{pmatrix}\longmapsto\begin{pmatrix}4\\2\end{pmatrix}\qquad\begin{pmatrix}0\\1\end{pmatrix}\longmapsto\begin{pmatrix}-1\\3\end{pmatrix}$$

（解）$\begin{pmatrix}x'\\y'\end{pmatrix}=\begin{pmatrix}4&-1\\2&3\end{pmatrix}\begin{pmatrix}x\\y\end{pmatrix}$

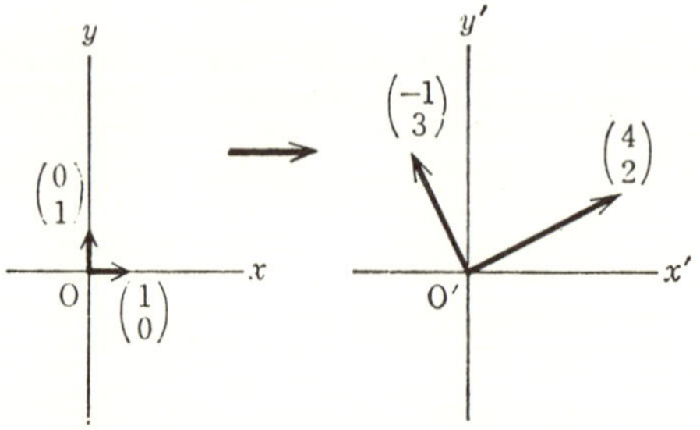

一般に，線型写像 $f: V_2\to V_2'$ は，2組のベクトルの対応 $\boldsymbol{x}_1\to\boldsymbol{u}_1$，$\boldsymbol{x}_2\to\boldsymbol{u}_2$ を与えることによって一意に定まる．ただし $\boldsymbol{x}_1$ と $\boldsymbol{x}_2$ とは1次独立とする．

これを証明しよう．

$\boldsymbol{x}_1$，$\boldsymbol{x}_2$，$\boldsymbol{u}_1$，$\boldsymbol{u}_2$ をそれぞれ

$$\begin{pmatrix} x_1 \\ y_1 \end{pmatrix} \quad \begin{pmatrix} x_2 \\ y_2 \end{pmatrix} \quad \begin{pmatrix} u_1 \\ v_1 \end{pmatrix} \quad \begin{pmatrix} u_2 \\ v_2 \end{pmatrix} \qquad ①$$

とおき，求める線型写像を

$$\begin{pmatrix} x' \\ y' \end{pmatrix} = \begin{pmatrix} a & b \\ c & d \end{pmatrix} \begin{pmatrix} x \\ y \end{pmatrix} \qquad ②$$

とおく．①を②に代入し，成分に分解すると

$$\begin{cases} ax_1 + by_1 = u_1 \\ ax_2 + by_2 = u_2 \end{cases} \qquad \begin{cases} cx_1 + dy_1 = v_1 \\ cx_2 + dy_2 = v_2 \end{cases}$$

仮定によると $\boldsymbol{x}_1$，$\boldsymbol{x}_2$ は1次独立であるから $x_1y_2 - x_2y_1 \neq 0$，したがって，上の2組の連立方程式は，それぞれ1組の解をもち，1組の値 (a, b, c, d) が定まり，線型写像②が定まる．

例5　次の対応を与える線型写像 $V_2 \to V_2'$ を求めよ．

$$\begin{pmatrix} 1 \\ 1 \end{pmatrix} \longmapsto \begin{pmatrix} 1 \\ 5 \end{pmatrix} \qquad \begin{pmatrix} 2 \\ -1 \end{pmatrix} \longmapsto \begin{pmatrix} -4 \\ 1 \end{pmatrix}$$

（解）　求める線型写像を上の式②とし，これに与えられた対応値を代入すると

$$\begin{pmatrix} a & b \\ c & d \end{pmatrix} \begin{pmatrix} 1 \\ 1 \end{pmatrix} = \begin{pmatrix} 1 \\ 5 \end{pmatrix}, \ \begin{pmatrix} a & b \\ c & d \end{pmatrix} \begin{pmatrix} 2 \\ -1 \end{pmatrix} = \begin{pmatrix} -4 \\ 1 \end{pmatrix} \qquad ①$$

$$\therefore \quad \begin{cases} a + b = 1 \\ 2a - b = -4 \end{cases} \qquad \begin{cases} c + d = 5 \\ 2c - d = 1 \end{cases} \qquad ②$$

これらを解いて

$$a = -1, \ b = 2, \ c = 2, \ d = 3$$

答　$\begin{pmatrix} x' \\ y' \end{pmatrix} = \begin{pmatrix} -1 & 2 \\ 2 & 3 \end{pmatrix} \begin{pmatrix} x \\ y \end{pmatrix}$

×　　　　　　×

上の解は①を②のように書きかえるよりは，①の2式を合せて，1つの式にまとめ，次のように計算すれば行列の応用にふさわしくなる．

$$\begin{pmatrix} a & b \\ c & d \end{pmatrix} \begin{pmatrix} 1 & 2 \\ 1 & -1 \end{pmatrix} = \begin{pmatrix} 1 & -4 \\ 5 & 1 \end{pmatrix}$$

これを解いて

$$\begin{pmatrix} a & b \\ c & d \end{pmatrix} = \begin{pmatrix} 1 & -4 \\ 5 & 1 \end{pmatrix} \begin{pmatrix} 1 & 2 \\ 1 & -1 \end{pmatrix}^{-1}$$

$$=\begin{pmatrix}1 & -4\\5 & 1\end{pmatrix}\cdot\frac{1}{-3}\begin{pmatrix}-1 & -2\\-1 & 1\end{pmatrix}$$

$$=\begin{pmatrix}-1 & 2\\2 & 3\end{pmatrix}$$

よって求める写像は

$$\begin{pmatrix}x'\\y'\end{pmatrix}=\begin{pmatrix}-1 & 2\\2 & 3\end{pmatrix}\begin{pmatrix}x\\y\end{pmatrix}$$

4 線型写像の性質

これから先では，線型写像として $V_2 \to V_2'$ のみを取扱う．この写像によって，平面上の点が平面上へうつる様子を具体例によってみよう．

$$\begin{pmatrix}x'\\y'\end{pmatrix}=\begin{pmatrix}1 & -1\\1 & 2\end{pmatrix}\begin{pmatrix}x\\y\end{pmatrix}$$

座標が整数で表される点を**格子点**という．この写像の実態を知るには，格子点がどのようにうつるかをみるのがよい．

$$\begin{pmatrix}0\\0\end{pmatrix}\mapsto\begin{pmatrix}0\\0\end{pmatrix}\quad\begin{pmatrix}1\\0\end{pmatrix}\mapsto\begin{pmatrix}1\\1\end{pmatrix}\quad\begin{pmatrix}2\\0\end{pmatrix}\mapsto\begin{pmatrix}2\\2\end{pmatrix}$$

$$\begin{pmatrix}0\\1\end{pmatrix}\mapsto\begin{pmatrix}-1\\2\end{pmatrix}\quad\begin{pmatrix}1\\1\end{pmatrix}\mapsto\begin{pmatrix}0\\3\end{pmatrix}\quad\begin{pmatrix}2\\1\end{pmatrix}\mapsto\begin{pmatrix}1\\4\end{pmatrix}$$

このように，実際に求めてみよ．

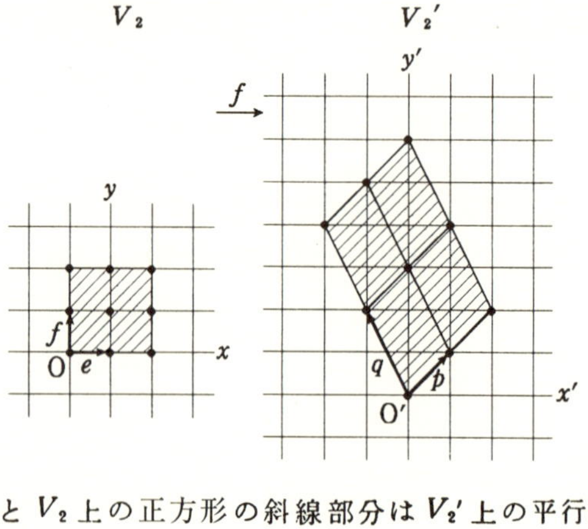

図をみると V_2 上の正方形の斜線部分は V_2' 上の平行四辺形の

斜線部分にうつっている．この事実を論理的に解明するには，２つのベクトルによって定まる座標を用いればよい．

$\boldsymbol{x}$，$\boldsymbol{x}'$ を位置ベクトルとする点をそれぞれ P，P′ とするとし，さらに $\begin{pmatrix}1\\1\end{pmatrix}=\boldsymbol{p}$，$\begin{pmatrix}-1\\2\end{pmatrix}=\boldsymbol{q}$ とおくと

$$\overrightarrow{\mathrm{OP'}}=\boldsymbol{x}'=(\boldsymbol{p}\quad\boldsymbol{q})\begin{pmatrix}x\\y\end{pmatrix}=x\boldsymbol{p}+y\boldsymbol{q}$$

O′ を原点とし，ベクトル $\boldsymbol{p}$，$\boldsymbol{q}$ によって定まる座標系でみると，点 P′ の座標は $\begin{pmatrix}x\\y\end{pmatrix}$ に等しい．すなわち

座標系（O；$\boldsymbol{e}$，$\boldsymbol{f}$）に関する点 $\begin{pmatrix}x\\y\end{pmatrix}$ は

座標系（O′；$\boldsymbol{p}$，$\boldsymbol{q}$）に関する点 $\begin{pmatrix}x\\y\end{pmatrix}$ に

うつる．

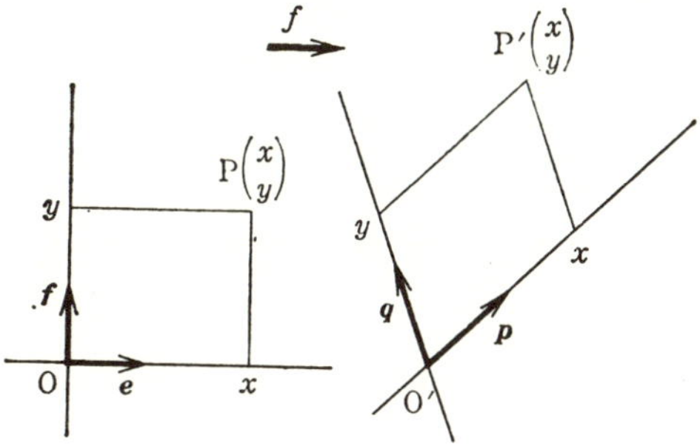

これで点のうつり方が，かなりはっきりして来た．

× ×

さらに一歩踏み込み，直線は何にうつるかを探ろう．

直線の方程式として，２点 $\boldsymbol{a}$，$\boldsymbol{b}$ を通る直線のベクトル方程式

$$\boldsymbol{x}=s\boldsymbol{a}+t\boldsymbol{b}\qquad(s,\ t\in\boldsymbol{R},\ s+t=1)$$

を選んでみる．これに先の線型写像 f を行うと

$$f(\boldsymbol{x})=f(s\boldsymbol{a})+f(t\boldsymbol{b})=sf(\boldsymbol{a})+tf(\boldsymbol{b})$$

よって $f(\boldsymbol{a})=\boldsymbol{a}'$，$f(\boldsymbol{b})=\boldsymbol{b}'$ とおくと

$$\boldsymbol{x}'=s\boldsymbol{a}'+t\boldsymbol{b}'\qquad(s,\ t\in\boldsymbol{R},\ s+t=1)$$

これは $\boldsymbol{a}' \neq \boldsymbol{b}'$ のときは直線を表し，$\boldsymbol{a}' = \boldsymbol{b}'$ のときは点を表す．したがって，直線は直線または点にうつることが明かにされた．

なお，この証明から，線分を分ける比も変らないことがわかる．なぜかというに，点 $\boldsymbol{x}$ は2点 $\boldsymbol{a}$，$\boldsymbol{b}$ を結ぶ線分を $t:s$ に分け，その像でも点 $\boldsymbol{x}'$ は2点 $\boldsymbol{a}'$，$\boldsymbol{b}'$ を結ぶ線分を $t:s$ に分けるからである．

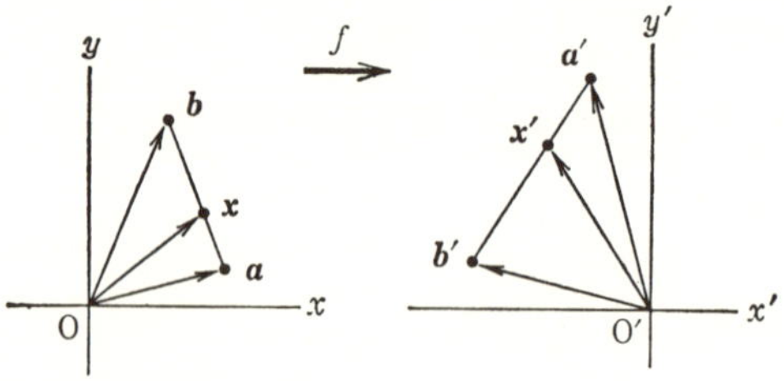

また，直線の方向ベクトルに目を向けるならば，平行線は平行線にうつることもいえる．

直線 $\boldsymbol{x} = s\boldsymbol{a} + t\boldsymbol{b} = \boldsymbol{a} + t(\boldsymbol{b} - \boldsymbol{a})$ の方向ベクトルは $\boldsymbol{b} - \boldsymbol{a}$ で，直線 $\boldsymbol{x}' = s\boldsymbol{a}' + t\boldsymbol{b}' = \boldsymbol{a}' + t(\boldsymbol{b}' - \boldsymbol{a}')$ の方向ベクトルは $\boldsymbol{b}' - \boldsymbol{a}'$ である．

ところが

$$\boldsymbol{b}' - \boldsymbol{a}' = f(\boldsymbol{b}) - f(\boldsymbol{a}) = f(\boldsymbol{b} - \boldsymbol{a})$$

であるから，もし $\boldsymbol{b} - \boldsymbol{a}$ が一定ならば，その像 $f(\boldsymbol{b} - \boldsymbol{a})$ も一定である．これ見方をかえれば，方向ベクトルの等しい直線は，方向ベクトルの等しい直線または点にうつる，つまり平行線は平行線または点にうつるということである．

線型写像 $V_2 \longrightarrow V_2'$ の性質

（i） 原点は動かない．

（ii） 直線は直線または点にうつる．

（iii） 点が線分を分ける比はかわらない．

（iv） 平行線は平行線または点にうつる．

5 線型写像になる合同変換

平面上の合同変換がすべて線型写像にならないことは，平行移動を表す式が $x'=x+a$，$y'=y+b$ となることから明かであろう．

では合同変換のうちどんなものが線型写像になるか．線型写像では原点は動かない．そこで，合同変換のうち原点を動かさないものは線型写像になるのではないかとの予想が立つ．

× ×

原点を動かさない合同変換 f によって，2点 $\mathrm{P}(\boldsymbol{x})$，$\mathrm{Q}(\boldsymbol{y})$ がそれぞれ $\mathrm{P}'(\boldsymbol{x}')$，$\mathrm{Q}'(\boldsymbol{y}')$ にうつったとする．このとき平行四辺形 POQR を作り，R が R′ にうつったとすると，四角形 P′O′Q′R′ は平行四辺形 POQR に合同であるから平行四辺形である．よって

$$\overrightarrow{\mathrm{O'R'}}=\overrightarrow{\mathrm{O'P'}}+\overrightarrow{\mathrm{O'Q'}}=\boldsymbol{x}'+\boldsymbol{y}'=f(\boldsymbol{x})+f(\boldsymbol{y})$$

一方 $\overrightarrow{\mathrm{OR}}=\overrightarrow{\mathrm{OP}}+\overrightarrow{\mathrm{OQ}}=\boldsymbol{x}+\boldsymbol{y}$ で，R′ は R の像であるから

$$\overrightarrow{\mathrm{O'R'}}=f(\boldsymbol{x}+\boldsymbol{y})$$

$$\therefore\quad f(\boldsymbol{x}+\boldsymbol{y})=f(\boldsymbol{x})+f(\boldsymbol{y}) \qquad ①$$

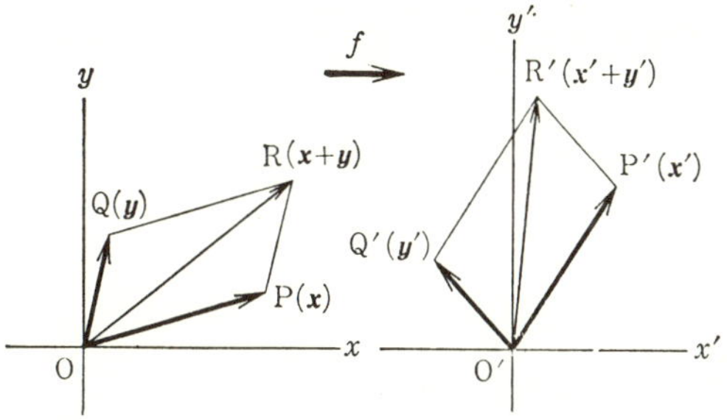

次に点 $\mathrm{S}(k\boldsymbol{x})$ が点 S′ に移ったとすると，点 S は直線 OP 上にあるから，S′ も直線 O′P′ 上にあって $\overline{\mathrm{OP}}=\overline{\mathrm{O'P'}}$，$\overline{\mathrm{OS}}=\overline{\mathrm{O'S'}}$，$\overline{\mathrm{OS}}=k\overline{\mathrm{OP}}$，$\overline{\mathrm{O'S'}}=k\overline{\mathrm{O'P'}}$ である．

$$\therefore\quad \overrightarrow{\mathrm{O'S'}}=k\overrightarrow{\mathrm{O'P'}}=k\boldsymbol{x}'=kf(\boldsymbol{x})$$

一方 $\overrightarrow{\mathrm{OS}}=k\overrightarrow{\mathrm{OP}}=k\boldsymbol{x}$ で，S の像は S′ であるから

$$\overrightarrow{O'S'}=f(k\boldsymbol{x})$$

$$\therefore\quad f(k\boldsymbol{x})=kf(\boldsymbol{x}) \qquad ②$$

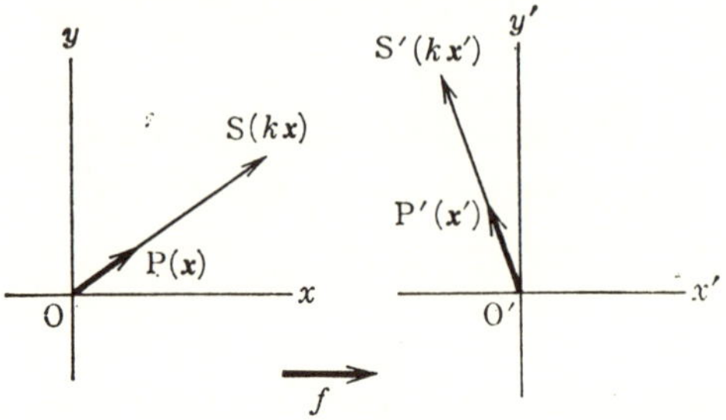

①，② が成り立つことから，原点を動かさない合同変換 f は線型写像であることがわかった．したがって，その式は

$$\boldsymbol{x}'=A\boldsymbol{x}\ \text{すなわち}\ \begin{pmatrix}x'\\y'\end{pmatrix}=\begin{pmatrix}a&b\\c&d\end{pmatrix}\begin{pmatrix}x\\y\end{pmatrix}$$

によって与えられることも結論される．

×　　　　　　×

上の知識を用い，原点のまわりの回転の式を導いてみる．この合同変換は原点を動かさないから線型写像であり，その式を求めるには，基本ベクトルがどんなベクトルにうつるかを知れば十分である．

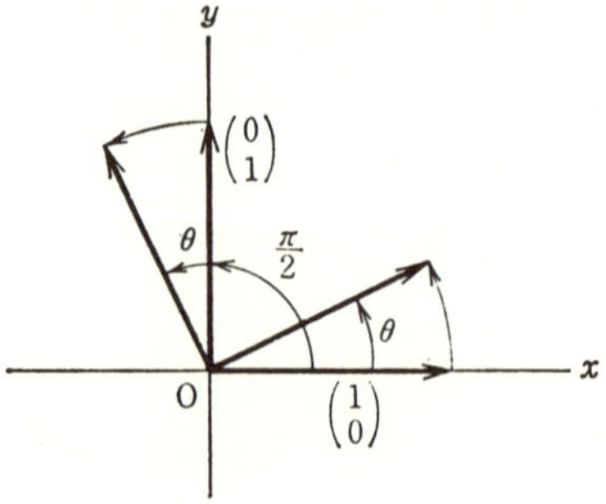

回転の角を θ とすると

$$\begin{pmatrix}1\\0\end{pmatrix}\longmapsto\begin{pmatrix}\cos\theta\\\sin\theta\end{pmatrix}$$

$$\begin{pmatrix}0\\1\end{pmatrix} \longmapsto \begin{pmatrix}\cos(\frac{\pi}{2}+\theta)\\ \sin(\frac{\pi}{2}+\theta)\end{pmatrix} = \begin{pmatrix}-\sin\theta\\ \cos\theta\end{pmatrix}$$

したがって，求める式は

$$\begin{pmatrix}x'\\y'\end{pmatrix} = \begin{pmatrix}\cos\theta & -\sin\theta\\ \sin\theta & \cos\theta\end{pmatrix}\begin{pmatrix}x\\y\end{pmatrix}$$

例 6　原点のまわりの 45° の回転の式を求めよ．

（解）　上の式で $\theta=45^\circ$ とおく．

$$\begin{pmatrix}x'\\y'\end{pmatrix} = \begin{pmatrix}\frac{1}{\sqrt{2}} & -\frac{1}{\sqrt{2}}\\ \frac{1}{\sqrt{2}} & \frac{1}{\sqrt{2}}\end{pmatrix}\begin{pmatrix}x\\y\end{pmatrix}$$

あるいは $\frac{1}{\sqrt{2}}$ を行列の外へ出して

$$\begin{pmatrix}x'\\y'\end{pmatrix} = \frac{1}{\sqrt{2}}\begin{pmatrix}1 & -1\\ 1 & 1\end{pmatrix}\begin{pmatrix}x\\y\end{pmatrix}$$

×　　　　　×

直線に関する対称移動のうち，直線が原点を通るものは原点が動かないから線型写像である．この式を求めてみよう．

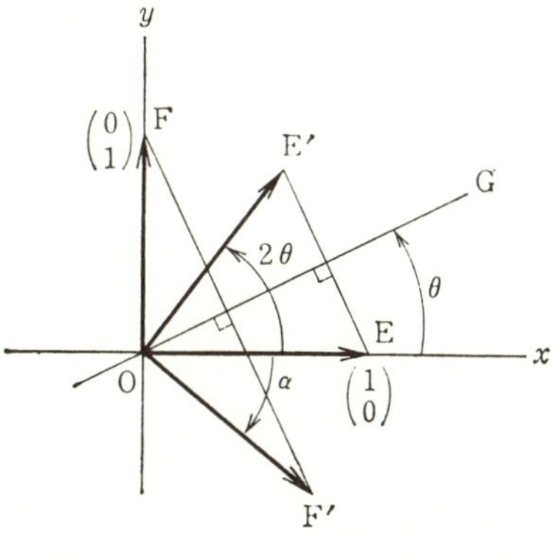

対称移動の軸が x 軸の基本ベクトルとなす角を θ とすると図において $\angle \mathrm{EOE'}=2\theta$ であるから

$$\begin{pmatrix}1\\0\end{pmatrix} \longmapsto \begin{pmatrix}\cos 2\theta\\ \sin 2\theta\end{pmatrix}$$

次に $\angle \mathrm{EOF}'=\alpha$ とおくと

$$\angle \mathrm{F'OG}=\angle \mathrm{F'OE}+\angle \mathrm{EOG}=-\alpha+\theta$$

$$\angle \mathrm{GOF}=\angle \mathrm{GOE}+\angle \mathrm{EOF}=-\theta+\frac{\pi}{2}$$

これらの2角は等しいことから

$$-\alpha+\theta=-\theta+\frac{\pi}{2} \qquad \therefore \quad \alpha=2\theta-\frac{\pi}{2}$$

そこで

$$\begin{pmatrix}0\\1\end{pmatrix}\longmapsto\begin{pmatrix}\cos\left(2\theta-\frac{\pi}{2}\right)\\ \sin\left(2\theta-\frac{\pi}{2}\right)\end{pmatrix}=\begin{pmatrix}\sin 2\theta\\ -\cos 2\theta\end{pmatrix}$$

以上から，求める式は

$$\begin{pmatrix}x'\\y'\end{pmatrix}=\begin{pmatrix}\cos 2\theta & \sin 2\theta\\ \sin 2\theta & -\cos 2\theta\end{pmatrix}\begin{pmatrix}x\\y\end{pmatrix}$$

例7　x 軸上の基本ベクトルと $30°$ の角をなす直線に関する対称移動の式を求めよ．

（解）　上の公式で $\theta=30°$ とおく．

$$\begin{pmatrix}x'\\y'\end{pmatrix}=\begin{pmatrix}\cos 60° & \sin 60°\\ \sin 60° & -\cos 60°\end{pmatrix}\begin{pmatrix}x\\y\end{pmatrix}$$

$$\therefore \quad \begin{pmatrix}x'\\y'\end{pmatrix}=\frac{1}{2}\begin{pmatrix}1 & \sqrt{3}\\ \sqrt{3} & -1\end{pmatrix}\begin{pmatrix}x\\y\end{pmatrix}$$

6　線型写像の逆写像

線型写像 $V_2\to V_2'$ によって，平面 V_2 上のすべての点は平面 V_2' にうつるが，値域が V_2' と一致するとは限らない．

たとえば

$$\begin{pmatrix}x'\\y'\end{pmatrix}=\begin{pmatrix}1 & 2\\ 2 & 4\end{pmatrix}\begin{pmatrix}x\\y\end{pmatrix}$$

をみると $x'=x+2y$, $y'=2x+4y$ であるから，x, y がどんな値であっても

$$y'=2x'$$

となり，すべての点の像は，この１つの直線上にある．

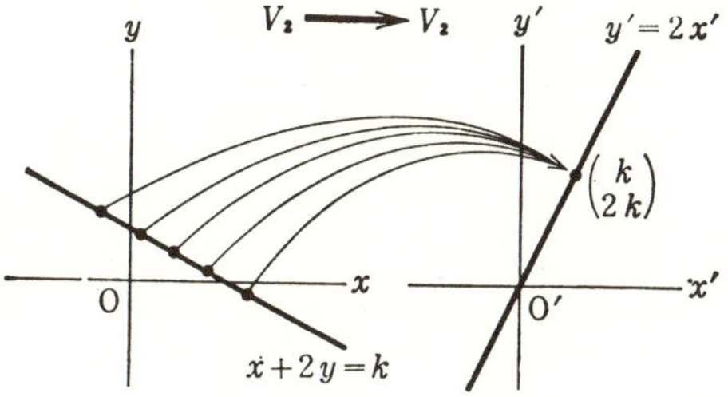

くわしくみると，直線 $x+2y=k$ 上のすべての点の像は $x'=k$, $y'=2k$ である．

したがって，この写像は単射（１対１写像）でないし，また全射（上への写像）でもない．

× ×

では，一般に，線型写像 $V_2\to V_2'$ は，どんな場合に単射になるか，全射になるか，さらに全単射になるだろうか．

$$\begin{pmatrix} x' \\ y' \end{pmatrix}=\begin{pmatrix} a & b \\ c & d \end{pmatrix}\begin{pmatrix} x \\ y \end{pmatrix} \qquad ①$$

単射の条件

単射であるためには，V_2' 上の点 $\begin{pmatrix} x' \\ y' \end{pmatrix}$ に原像があるとき，その原像がただ１つであればよい．それは x, y についての連立方程式

$$\begin{pmatrix} a & b \\ c & d \end{pmatrix}\begin{pmatrix} x \\ y \end{pmatrix}=\begin{pmatrix} x' \\ y' \end{pmatrix} \qquad \begin{cases} ax+by=x' \\ cx+dy=y' \end{cases} \qquad ②$$

が解をもつとき，その解がただ１組であることが必要．その条件は，連立方程式の知識によると

$$ad-bc\neq 0$$

である．逆に，この条件のもとで②は１組の解をもつ．

× ×

全射の条件

全射の条件は，任意の x', y' に対して②が解をもつことである．②が解をもつのは，次の２つの場合である．

(1)　$ad-bc\neq 0$ のとき　　1組の解

(2)　$ad-bc=0$, $ay'-cx'=0$, $by'-dx'=0$

のとき　無数の解をもつ.

しかし, x', y' は任意だから (2) のときは $a=b=c=d=0$, このとき ② から $x'=y'=0$, これは x', y' が任意であることに矛盾する. よって (2) の場合は起きない.

これで全射であるための条件は (1) の場合, すなわち

$$ad-bc\neq 0$$

のときに限る.

×　　　　　　×

以上で知ったことをまとめると

$$\text{単射} \rightleftarrows ad-bc\neq 0 \rightleftarrows \text{全射}$$

これにより単射と全射は全単射と同値である.

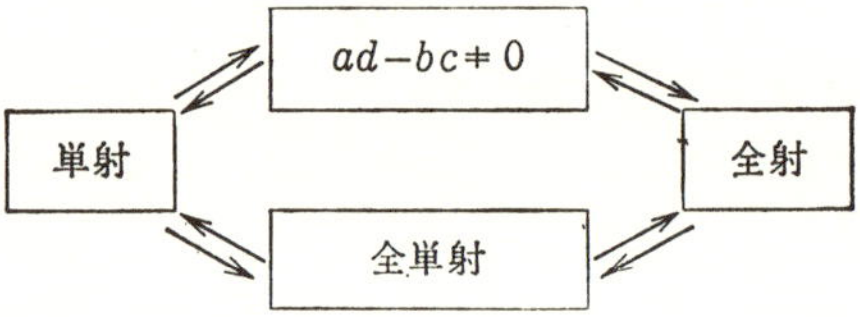

矢印はループ（グルグル回る道）を作るから, 次の結論が得られる.

線型写像 $\boldsymbol{x}'=A\boldsymbol{x}$ において

[単射] ⇄ [全射] ⇄ [全単射] ⇄ [$|A|\neq 0$]

$|A|\neq 0$ は A が正則, すなわち逆行列をもつことである. また

$$A=\begin{pmatrix} a & b \\ c & d \end{pmatrix}=(\boldsymbol{p}\ \ \boldsymbol{q})$$

とおくと, $|A|\neq 0$ は, 2つのベクトル $\boldsymbol{p}$, $\boldsymbol{q}$ が1次独立であること. 見方をかえれば, V_2 の基本ベクトルの像が1次独立であること. これは, $\mathrm{P}'(\boldsymbol{p})$, $\mathrm{Q}'(\boldsymbol{q})$ とおくと, 3点 O′, P′, Q′ は三角形を作ることでもある.

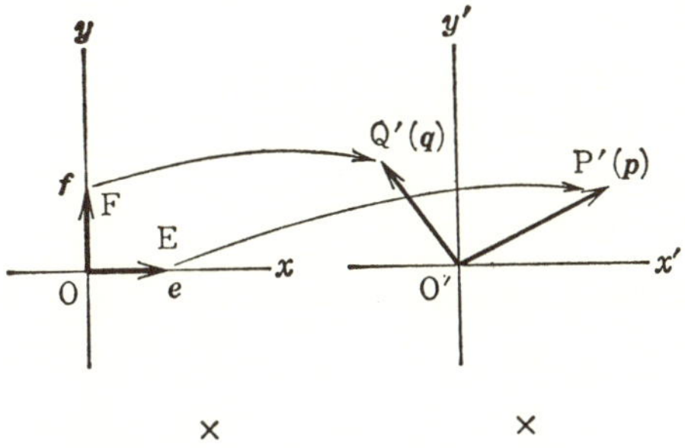

$\boldsymbol{x}'=A\boldsymbol{x}$ が全単射ならば，その逆写像が存在する．その逆写像は

$$\boldsymbol{x}=A^{-1}\boldsymbol{x}'$$

である．

例 8　次の写像の逆写像を求めよ．

$$\begin{pmatrix} x' \\ y' \end{pmatrix}=\begin{pmatrix} -2 & 3 \\ 5 & -4 \end{pmatrix}\begin{pmatrix} x \\ y \end{pmatrix}$$

（解）　この写像の行列を A で表すと $|A|=-7$ だから逆写像がある．

$$\begin{pmatrix} x \\ y \end{pmatrix}=-\frac{1}{7}\begin{pmatrix} -4 & -3 \\ -5 & -2 \end{pmatrix}\begin{pmatrix} x' \\ y' \end{pmatrix}$$

$$\begin{pmatrix} x \\ y \end{pmatrix}=\frac{1}{7}\begin{pmatrix} 4 & 3 \\ 5 & 2 \end{pmatrix}\begin{pmatrix} x' \\ y' \end{pmatrix}$$

練 習 問 題

25．f，g が次の写像のとき，合成写像 gf を求めよ．

$$f\begin{pmatrix} x \\ y \end{pmatrix}=\begin{pmatrix} 3 & 1 \\ 0 & 2 \end{pmatrix}\begin{pmatrix} x \\ y \end{pmatrix},\quad g\begin{pmatrix} x \\ y \end{pmatrix}=\begin{pmatrix} 4 & 0 \\ 1 & -5 \end{pmatrix}\begin{pmatrix} x \\ y \end{pmatrix}$$

26．前問の写像の逆写像 f^{-1}，g^{-1} を求めよ．

27．f，g が次の写像のとき，合成写像 gf を求めよ．

$$f\begin{pmatrix} x \\ y \end{pmatrix}=\begin{pmatrix} 3 & -1 \\ -1 & 3 \end{pmatrix}\begin{pmatrix} x \\ y \end{pmatrix},\quad g\begin{pmatrix} x \\ y \end{pmatrix}=(1\ \ 2)\begin{pmatrix} x \\ y \end{pmatrix}$$

28．写像 $f\begin{pmatrix} x \\ y \end{pmatrix}=\begin{pmatrix} 3 & -2 \\ 1 & 1 \end{pmatrix}\begin{pmatrix} x \\ y \end{pmatrix}$ によって，次の点はどんな点にう

つるか．それを図示せよ．

$$\begin{pmatrix}-1\\1\end{pmatrix},\ \begin{pmatrix}0\\1\end{pmatrix},\ \begin{pmatrix}1\\1\end{pmatrix},\ \begin{pmatrix}-1\\0\end{pmatrix},\ \begin{pmatrix}0\\0\end{pmatrix},\ \begin{pmatrix}1\\0\end{pmatrix},$$

$$\begin{pmatrix}-1\\-1\end{pmatrix},\ \begin{pmatrix}0\\-1\end{pmatrix},\ \begin{pmatrix}1\\-1\end{pmatrix}$$

29．次の対応をみたす線型写像 $f: V_2 \to V_2'$ を求めよ．

(1)　$\begin{pmatrix}1\\0\end{pmatrix} \to \begin{pmatrix}-5\\-4\end{pmatrix},\ \begin{pmatrix}0\\1\end{pmatrix} \to \begin{pmatrix}2\\-2\end{pmatrix}$

(2)　$\begin{pmatrix}2\\1\end{pmatrix} \to \begin{pmatrix}-7\\4\end{pmatrix},\ \begin{pmatrix}3\\2\end{pmatrix} \to \begin{pmatrix}5\\-6\end{pmatrix}$

30．直交座標系で，直線 $y=2x$ についての対称移動によって，2点 $\begin{pmatrix}2\\-1\end{pmatrix},\ \begin{pmatrix}3\\1\end{pmatrix}$ はどこへうつるか．それをもとにして，この移動の式を求めよ．

31．直交座標系において次の順をふんで，原点のまわりの角 θ の回転 f の式を求めよ．

(1)　f によって点 $\mathrm{E}\begin{pmatrix}1\\0\end{pmatrix}$, $\mathrm{F}\begin{pmatrix}0\\1\end{pmatrix}$ は E′, F′ にうつったとき，E′, F′ の座標を求める．

(2)　$\overrightarrow{\mathrm{OE'}}$, $\overrightarrow{\mathrm{OF'}}$ を $\overrightarrow{\mathrm{OE}}$, $\overrightarrow{\mathrm{OF}}$ で表す．

(3)　f によって $\mathrm{P}\begin{pmatrix}x\\y\end{pmatrix}$ が $\mathrm{P'}\begin{pmatrix}x'\\y'\end{pmatrix}$ にうつるとき，$\overrightarrow{\mathrm{OP'}}$ を $\overrightarrow{\mathrm{OE}}$ と $\overrightarrow{\mathrm{OF}}$ で2通りに表す．

32．直交座標系において，原点のまわりの角 $90°$ の回転 f と，角 $-90°$ の回転 g の式を求めよ．

33．直交座標系で，原点のまわりの回転（鋭角）によって，x 軸上の点が直線 $y=2x$ 上にうつるという．この回転の式を求めよ．

§5

特殊な行列の役割

1

対称行列と交代行列

x，y についての2次の同次式 $ax^2+2hxy+by^2$ を行列で表すと

$$(x\ y)\begin{pmatrix}a & h\\ h & b\end{pmatrix}\begin{pmatrix}x\\ y\end{pmatrix} \qquad ①$$

となって，1つの式の中に成分の一致する行ベクトルと列ベクトルが現れる．これを全く別の文字で表したのでは，文字の数を増すのみか，2つのベクトルの関係が消えるので望ましくない．これを防ぐには，行列に行と列をいれかえる操作を導入すればよい

行列 A の行と列を入れかえて作った行列を A の**転置行列**といい ${}^tA$ で表す．${}^tA$ の代りに A' を用いた本もある．

たとえば

$$A=\begin{pmatrix}a & b\\ c & d\end{pmatrix}\longrightarrow {}^tA=\begin{pmatrix}a & c\\ b & d\end{pmatrix}$$

$$\boldsymbol{x}=\begin{pmatrix}x\\ y\end{pmatrix}\longrightarrow {}^t\boldsymbol{x}=(x\ y)$$

この考えを用いると①は

$${}^t\begin{pmatrix}x\\ y\end{pmatrix}\begin{pmatrix}a & h\\ h & b\end{pmatrix}\begin{pmatrix}x\\ y\end{pmatrix}={}^t\boldsymbol{x}A\boldsymbol{x},\quad A=\begin{pmatrix}a & h\\ h & b\end{pmatrix}$$

と表され，好都合である．

×　　　　　　×

行列の演算と転置行列との関係を明かにしておこう．

(1)　${}^t({}^tA)=A$

(2)　${}^t(A+B)={}^tA+{}^tB$

(3)　${}^t(AB)={}^tB\,{}^tA$

(4)　k が実数のとき ${}^t(kA)=k\,{}^tA$

(5)　$|{}^tA|=|A|$

証明は成分にもどって試みればよい　A，B が2次の正方行列の場合を証明してみる．

$$A=\begin{pmatrix}a & b\\ c & d\end{pmatrix},\quad B=\begin{pmatrix}p & q\\ r & s\end{pmatrix}$$

$${}^tA=\begin{pmatrix}a & c\\ b & d\end{pmatrix},\quad {}^tB=\begin{pmatrix}p & r\\ q & s\end{pmatrix}$$

(1) は自明に近い．

(2) $A+B=\begin{pmatrix}a+p & b+q\\ c+r & d+s\end{pmatrix}$ ①

${}^tA+{}^tB=\begin{pmatrix}a+p & c+r\\ b+q & d+s\end{pmatrix}$ ②

② は ① の行と列をいれかえたものになっているから ${}^t(A+B)={}^tA+{}^tB$

(3) $AB=\begin{pmatrix}ap+br & aq+bs\\ cp+dr & cq+ds\end{pmatrix}$ ③

${}^tB{}^tA=\begin{pmatrix}p & r\\ q & s\end{pmatrix}\begin{pmatrix}a & c\\ b & d\end{pmatrix}=\begin{pmatrix}pa+rb & pc+rd\\ qa+sb & qc+sd\end{pmatrix}$ ④

④ は ③ の転置行列だから ${}^t(AB)={}^tB{}^tA$

(4) 省略

(5) 両辺はともに $ad-bc$ になる．

× ×

正方行列には2つの対角線があるが，そのうち右下りの方に目をつけ，この上の成分を**対角成分**という．右の図で a，d が対角成分である．

行列のうち対角成分について対称なものを**対称行列**という．

$$\begin{pmatrix}a & b\\ c & d\end{pmatrix}$$

対角成分

対称行列は転置行列を用い

$${}^tA=A \qquad ①$$

をみたすものと定義することもできる．なぜかというに

$$\begin{pmatrix}a & b\\ b & d\end{pmatrix}$$

対称行列

$A=\begin{pmatrix}a & b\\ c & d\end{pmatrix}$ が ① をみたしたとすると

$$\begin{pmatrix}a & c\\ b & d\end{pmatrix}=\begin{pmatrix}a & b\\ c & d\end{pmatrix} \qquad \therefore\ b=c$$

となるからである．

× ×

これに対し，行列 A が

$$ {}^tA=-A \qquad ② $$

をみたすときは，A を**交代行列**という．

一般の行列 A が②をみたしたとすると

$$\begin{pmatrix} a & c \\ b & d \end{pmatrix}=-\begin{pmatrix} a & b \\ c & d \end{pmatrix}=\begin{pmatrix} -a & -b \\ -c & -d \end{pmatrix}$$

$$\therefore\ a=-a,\ b=-c,\ c=-b,\ d=-d$$

$$\therefore\ a=0,\ c=-b,\ d=0$$

したがって交代行列は

$$\begin{pmatrix} 0 & b \\ -b & 0 \end{pmatrix}$$

の形のものであることがわかる．対角成分は0で，対角線に関し対称のアドレスにある成分は異符号で絶対値が等しい．

×　　　　　×

おもしろいことに，どんな正方行列も対称行列と交代行列との和として表される．その表し方が次の式である．

$$A=\frac{A+{}^tA}{2}+\frac{A-{}^tA}{2}$$

である．

証明は，成分にもどらなくとも，定義だけを頼りにして可能である．

$P=\frac{1}{2}(A+{}^tA)$，$Q=\frac{1}{2}(A-{}^tA)$ とおくと

$$ {}^tP={}^t\left(\frac{1}{2}(A+{}^tA)\right)=\frac{1}{2}{}^t(A+{}^tA)=\frac{1}{2}({}^tA+{}^t({}^tA))$$
$$=\frac{1}{2}({}^tA+A)=P$$

同様にして ${}^tQ=-Q$ となるから，P は対称行列で，Q は交代行列である．

例1　次の行列を対称行列と交代行列の和として表せ．

$$A=\begin{pmatrix} 9 & 7 \\ 3 & -4 \end{pmatrix}$$

（解）　$P=\frac{1}{2}(A+{}^tA)$，$Q=\frac{1}{2}(A-{}^tA)$ とおくと，P は対称行

列，Q は交代行列で，かつ $A=P+Q$ であった．

$$P=\frac{1}{2}\left\{\begin{pmatrix}9 & 7\\ 3 & -4\end{pmatrix}+\begin{pmatrix}9 & 3\\ 7 & -4\end{pmatrix}\right\}=\begin{pmatrix}9 & 5\\ 5 & -4\end{pmatrix}$$

$$Q=\frac{1}{2}\left\{\begin{pmatrix}9 & 7\\ 3 & -4\end{pmatrix}-\begin{pmatrix}9 & 3\\ 7 & -4\end{pmatrix}\right\}=\begin{pmatrix}0 & 2\\ -2 & 0\end{pmatrix}$$

$$\therefore\ A=\begin{pmatrix}9 & 5\\ 5 & -4\end{pmatrix}+\begin{pmatrix}0 & 2\\ -2 & 0\end{pmatrix}$$

2 直交行列の正体

行列 A が ${}^tAA=E$ をみたすとき，A を直交行列という．この式は ${}^tA$ は A の逆行列 A^{-1} に等しいことを表している．ところが A と A^{-1} の乗法は交換可能であるから，$A{}^tA=E$ も成り立つ．この逆もいえる．

そこで，次の結論になる．

A は直交行列

⇅

${}^tAA=E$ ⟷ ${}^tA=A^{-1}$ ⟷ $A{}^tA=E$

定義はわかったが，その成分の間にどんな関係のある行列かは明かでない．それを調べるのが次の課題である．

×　　　　×

$A=\begin{pmatrix}a & b\\ c & d\end{pmatrix}$ が直交行列であることは ${}^tAA=E$ すなわち

$$\begin{pmatrix}a & c\\ b & d\end{pmatrix}\begin{pmatrix}a & b\\ c & d\end{pmatrix}=\begin{pmatrix}1 & 0\\ 0 & 1\end{pmatrix}$$

をみたすこと．すなわち

$$\begin{pmatrix}a^2+c^2 & ab+cd\\ ab+cd & b^2+d^2\end{pmatrix}=\begin{pmatrix}1 & 0\\ 0 & 1\end{pmatrix}$$

をみたすこと．この等式を成分の相等に分解して

$$a^2+c^2=1,\ b^2+d^2=1,\ ab+cd=0 \qquad ①$$

これが直交行列の条件である．

一方，A が直交行列であることは $A{}^tA=E$ とも表されたから

$$\begin{pmatrix} a & b \\ c & d \end{pmatrix}\begin{pmatrix} a & c \\ b & d \end{pmatrix}=\begin{pmatrix} 1 & 0 \\ 0 & 1 \end{pmatrix}$$

前と同様にして

$$a^2+b^2=1,\ c^2+d^2=1,\ ac+bd=0 \qquad ②$$

${}^tAA=E$ と $A{}^tA=E$ とは同値であったから，これらとそれぞれ同値な①と②も同値である．

×　　　　×

①と②の同値は，行列でみれば簡単であるが，初等的に代数計算で証明するのは楽でない．大学の入試にしばしば現れるが，学生は手こずるようである．

成分が実数のときは，次の恒等式に気付けば一パッである．

$$(a^2+c^2-1)^2+(b^2+d^2-1)^2+2(ab+cd)^2$$
$$=(a^2+b^2-1)^2+(c^2+d^2-1)^2+2(ac+bd)^2$$

この証明は読者におまかせしよう．

×　　　　×

直交行列の行列式の値は，定義から簡単に求められる．${}^tAA=E$ の両辺の行列式を求めると

$$|{}^tA||A|=|E|$$

ところが $|{}^tA|=|A|$，$|E|=1$ であるから

$$|A|^2=1 \qquad \therefore\ |A|=\pm 1$$

このように行列と行列式によればエレガントに求まるが，代数計算によるには恒等式

$$(a^2+c^2)(b^2+d^2)=(ab+cd)^2+(ad-bc)^2$$

を導き，これに①を用いることになるので楽ではない．

×　　　　×

成分の関係は明かになった．一歩すすめて，成分を三角関数で表すことを考えよう．

①によると $a^2+c^2=1$ であるから，

$$a=\cos\theta,\ c=\sin\theta$$

とおくことができる．

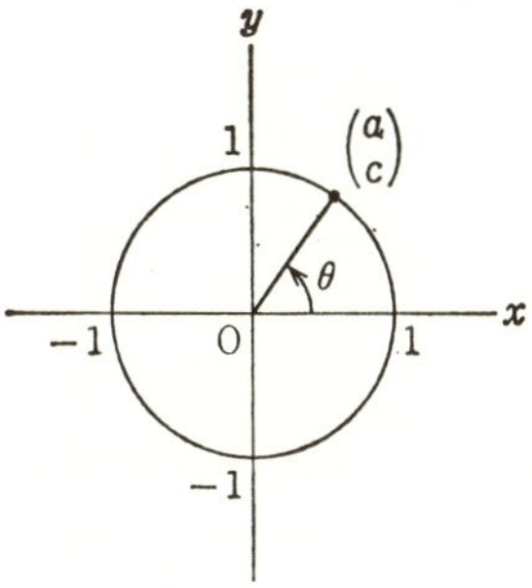

これらを $ab+cd=0$ に代入すると

$$b\cos\theta+d\sin\theta=0$$

$\cos\theta$, $\sin\theta$ のどちらかは 0 でない．

$\cos\theta\neq0$ のとき

$$b=-\frac{d\sin\theta}{\cos\theta}$$

ここで，$d=k\cos\theta$ とおけば，$b=-k\sin\theta$, これらを $b^2+d^2=1$ に代入して $k^2=1$

$$k=\pm1$$

$k=1$ のとき $b=-\sin\theta$, $d=\cos\theta$

$$\therefore\ A=\begin{pmatrix}\cos\theta & -\sin\theta\\ \sin\theta & \cos\theta\end{pmatrix} \qquad ③$$

$k=-1$ のとき $b=\sin\theta$, $d=-\cos\theta$

$$\therefore\ A=\begin{pmatrix}\cos\theta & \sin\theta\\ \sin\theta & -\cos\theta\end{pmatrix} \qquad ④$$

$\sin\theta\neq0$ のときも，同様にして同じ結果が得られる．

2 次の直交行列は ③ または ④ のいずれかで表されることが明かになった．

× ×

写像でみると，③の表す線型写像は，原点のまわりに角 θ だけ回転することである．このときの行列式の値は

$$|A|=1$$

④ の表す線型写像は，原点を通り，x 軸の基本ベクトルとの交角

が $\frac{\theta}{2}$ の直線に関する対称移動である．そして，このときの行列式の値は

$$|A|=-1$$

3 基本操作の行列

行列を簡単なものに変える操作に，行のいれかえ，行の実数倍，1つの行の実数倍を他の行に加えるなどがある．これらの操作を，行列の乗法で表すのが，ここの目標である．

× ×

行のいれかえ

任意の行列 A の左からある行列 X をかけて，A の第1行と第2行をいれかえることができるだろうか．

$A=\begin{pmatrix} a & b \\ c & d \end{pmatrix}$, $X=\begin{pmatrix} x & y \\ z & u \end{pmatrix}$ とおくと

$$\begin{pmatrix} x & y \\ z & u \end{pmatrix}\begin{pmatrix} a & b \\ c & d \end{pmatrix}=\begin{pmatrix} c & d \\ a & b \end{pmatrix}$$

$$\begin{cases} ax+cy=c, & bx+dy=d \\ az+cu=a, & bz+du=b \end{cases}$$

これらの等式が，任意の a, b, c, d について成り立つための条件は

$$x=0,\ y=1,\ z=1,\ u=0$$

$$\therefore\ X=\begin{pmatrix} 0 & 1 \\ 1 & 0 \end{pmatrix}$$

逆に XA を計算してみると，結果は A の第1行と第2行をいれかえたものになるから，Xは求める行列である．

この行列を A の右からかけた場合には，A の第1列と第2列がいれかわる．

× ×

1つの行の k 倍

行列 A の左からある行列 X をかけて，A の第1行の成分を k 倍

することは可能か．

$$\begin{pmatrix} x & y \\ z & u \end{pmatrix}\begin{pmatrix} a & b \\ c & d \end{pmatrix}=\begin{pmatrix} ak & bk \\ c & d \end{pmatrix}$$

$$\begin{cases} ax+cy=ak, & bx+dy=bk \\ az+cu=c, & bz+du=d \end{cases}$$

これらの等式が，任意の a，b，c，d について成り立つための条件は

$$x=k,\ y=0,\ z=0,\ u=1$$

$$\therefore\ X=\begin{pmatrix} k & 0 \\ 0 & 1 \end{pmatrix}$$

逆に，この行列を A の左からかけてみると，A の第１行が k 倍される．

同様にして，A の左からかけて A の第２行を k 倍する行列は

$$X=\begin{pmatrix} 1 & 0 \\ 0 & k \end{pmatrix}$$

× ×

行の k 倍を他の行へ加える

行列 A の左からある行列 X をかけることによって，A の第１行の k 倍を第２行に加えることは可能か．

$$\begin{pmatrix} x & y \\ z & u \end{pmatrix}\begin{pmatrix} a & b \\ c & d \end{pmatrix}=\begin{pmatrix} a & b \\ c+ak & d+bk \end{pmatrix}$$

$$\begin{cases} ax+cy=a, & bx+dy=b \\ az+cu=c+ak, & bz+du=d+bk \end{cases}$$

これらが，任意の a，b，c，d について成り立つことから

$$x=1,\ y=0,\ z=k,\ u=1$$

$$\therefore\ X=\begin{pmatrix} 1 & 0 \\ k & 1 \end{pmatrix}$$

逆に，XA を計算し，X は求める行列になることを確めよ．

同様にして，A の左からかけて A の第２行の k 倍を第１行に加える行列は

$$X=\begin{pmatrix} 1 & k \\ 0 & 1 \end{pmatrix}$$

4　基本操作で逆行列

先に導いた基本操作の応用として，2次の正方行列の逆行列を求めることを取りあげてみる．

行列 A の左からいくつかの基本操作の行列，たとえば K，L，M，N をかけて A を単位行列 E にかえることができたとすれば

$$NMLKA=E$$

すなわち　$(NMLK)A=E$

この式は $NMLK$ が A の逆行列であることを示している．したがって

$$A^{-1}=(NMLK)$$

となって，A の逆行列が求まる．

×　　　　　×

この原理によって

$$A=\begin{pmatrix} a & b \\ c & d \end{pmatrix}$$

の逆行列を実際に求めてみる．

A に逆行列があるときは $ad-bc\neq 0$ だから a，c のどちらかは0でない．そこで $a\neq 0$ の場合を考えてみる．

第1手順——a を1にかえる．

このためには A の第1行を $\frac{1}{a}$ 倍するため，A の左から

$$K=\begin{pmatrix} \frac{1}{a} & 0 \\ 0 & 1 \end{pmatrix}$$

をかける．

$$KA=\begin{pmatrix} \frac{1}{a} & 0 \\ 0 & 1 \end{pmatrix}\begin{pmatrix} a & b \\ c & d \end{pmatrix}=\begin{pmatrix} 1 & \frac{b}{a} \\ c & d \end{pmatrix}=B$$

第2手順——c を0にかえる．

それには，B の第1行の $-c$ 倍を第2行に加えればよいから，B の左から

$$L=\begin{pmatrix} 1 & 0 \\ -c & 1 \end{pmatrix}$$

をかける．

$$LB=\begin{pmatrix}1&0\\-c&1\end{pmatrix}\begin{pmatrix}1&\dfrac{b}{a}\\c&d\end{pmatrix}=\begin{pmatrix}1&\dfrac{b}{a}\\0&\dfrac{ad-bc}{a}\end{pmatrix}=C$$

第 3 手順——$\dfrac{ad-bc}{a}$ を 1 にかえる．

それには，C の第 2 行を $\dfrac{a}{ad-bc}$ 倍すればよいから，C の左から

$$M=\begin{pmatrix}1&0\\0&\dfrac{a}{ad-bc}\end{pmatrix}$$

をかける．

$$MC=\begin{pmatrix}1&0\\0&\dfrac{a}{ad-bc}\end{pmatrix}\begin{pmatrix}1&\dfrac{b}{a}\\0&\dfrac{ad-bc}{a}\end{pmatrix}=\begin{pmatrix}1&\dfrac{b}{a}\\0&1\end{pmatrix}=D$$

第 4 手順——$\dfrac{b}{a}$ を 0 にかえる．

それには，D の第 2 行の $-\dfrac{b}{a}$ 倍を 第 1 列に 加えればよいから，
D の左から

$$N=\begin{pmatrix}1&-\dfrac{b}{a}\\0&1\end{pmatrix}$$

をかける．

$$ND=\begin{pmatrix}1&-\dfrac{b}{a}\\0&1\end{pmatrix}\begin{pmatrix}1&\dfrac{b}{a}\\0&1\end{pmatrix}=\begin{pmatrix}1&0\\0&1\end{pmatrix}=E$$

以上の計算を 1 つにまとめると

$$\begin{aligned}E&=ND=N(MC)=NM(LB)\\&=NML(KA)=(NMLK)A\end{aligned}$$

A の逆行列は

$$\begin{aligned}A^{-1}&=NMLK\\&=\begin{pmatrix}1&-\dfrac{b}{a}\\0&1\end{pmatrix}\begin{pmatrix}1&0\\0&\dfrac{a}{ad-bc}\end{pmatrix}\begin{pmatrix}1&0\\-c&1\end{pmatrix}\begin{pmatrix}\dfrac{1}{a}&0\\0&1\end{pmatrix}\end{aligned}$$

これを計算し，簡単にすると

$$A^{-1}=\frac{1}{ad-bc}\begin{pmatrix} d & -b \\ -c & a \end{pmatrix}$$

5 行列の部分群

群とは何かということを，はっきりさせてから本論にはいることにしよう．集合 G がある演算 $\circ$ について群をなすとは，次の4条件をみたすことである．

（i） G は演算 $\circ$ について閉じている．

$a\in G,\ b\in G \longrightarrow a\circ b\in G$

（ii） 結合律が成り立つ．

$(a\circ b)\circ c=a\circ(b\circ c)$

（iii） すべての a に対し $a\circ x=x\circ a=a$ をみたす要素 x が a に関係なく1つ定まる．

この x を**単位要素**といい e で表す．

（iv） すべての a に対して，$a\circ y=y\circ a=e$ をみたす要素 y がそれぞれ1つずつ定まる．

この要素 y を a の**逆要素**といい a^{-1} で表す．

このほかに

（v） 可換律　$a\circ b=b\circ a$ をみたす

ときは**可換群**または**アーベル群**という．

また（i），（ii）をみたすものは**半群**または**準群**という．

× ×

G が演算 $\circ$ についての群で，G の部分集合 S が同じ演算 $\circ$ について群をなすときは S を G の**部分群**という．

G の空でない部分集合 S が G の部分群であることを示すには，次の2つの条件をみたすことを示せばよい．

(1) S は演算 $\circ$ について閉じている．

$a\in S,\ b\in S \longrightarrow a\circ b\in S$

(2) S のすべての要素の逆要素が S に属す．

$$a \in S \longrightarrow a^{-1} \in S$$

この2つが成り立てば，他の条件はおのずからみたされるからである．たとえば

$$a \in S \to a^{-1} \in S \to a \circ a^{-1} \in S \to e \in S$$

となって，Sには単位要素が含まれる．

結合律はGで成り立っているから，その一部分Sでも当然成り立つ．

× ×

行列の一部分には，それだけで，加法について可換群をなすもの，乗法について準群や群をなすもの，さらに環をなすものなどがある．その二，三の例をあげてみる．はじめに有限集合のものを．

例2 次の4つの行列の集合Sは，乗法について可換群をなすことを示せ．

$$A \; \begin{pmatrix} 1 & 0 \\ 0 & 1 \end{pmatrix} \quad B \; \begin{pmatrix} 1 & 0 \\ 0 & -1 \end{pmatrix} \quad C \; \begin{pmatrix} -1 & 0 \\ 0 & 1 \end{pmatrix} \quad D \; \begin{pmatrix} -1 & 0 \\ 0 & -1 \end{pmatrix}$$

（解） すべての2つの要素について乗法を試み，その結果を表にまとめよ．この表を**乗法表**（**演算表**）という．

X \ Y	A	B	C	D
A	A	B	C	D
B	B	A	D	C
C	C	D	A	B
D	D	C	B	A

明かに，乗法について閉じている．また，Aは単位要素で，どの行列もその逆要素は自分自身であってSに属する．結合律は行列だから成り立つ．表は対角線について対称だから，どの2つの要素も可換である．よってSは乗法について可換群をなす．

➡注 行列A, B, C, Dを線型写像の行列とみると，Aは不動，Bはx軸に関する，Cはy軸に関する，Dは原点に関する対称移動である．

例3 次の形の行列全体の集合Sは乗法に関し可換群をなすことを証明せよ．

$$A = \begin{pmatrix} 1 & a \\ 0 & 1 \end{pmatrix}$$

（解）（i）　$A=\begin{pmatrix}1 & a\\0 & 1\end{pmatrix}\in S,\ B=\begin{pmatrix}1 & b\\0 & 1\end{pmatrix}\in S$ とすると

$$AB=\begin{pmatrix}1 & a\\0 & 1\end{pmatrix}\begin{pmatrix}1 & b\\0 & 1\end{pmatrix}=\begin{pmatrix}1 & a+b\\0 & 1\end{pmatrix}\in S$$

S は乗法について閉じている．

（ii）　結合律は行列だから成り立つ．

（iii）　単位行列を含み，これが単位要素である．

（iv）　$A=\begin{pmatrix}1 & a\\0 & 1\end{pmatrix}$ の逆行列は $A^{-1}=\begin{pmatrix}1 & -a\\0 & 1\end{pmatrix}$ であって S に属し，A の逆要素である．

（v）　可換律も成り立つ．

よって S は乗法に関し可換群をなす．

例4　A が次の行列のとき，A^2，A^3，A^4，A^5，A^6 を求めよ．

$$A=\begin{pmatrix}0 & -1\\1 & 1\end{pmatrix}$$

集合 $S=\{A,\ A^2,\ A^3,\ A^4,\ A^5,\ A^6\}$ は乗法に関し，可換群をなすことを示せ．

（解）　$A^2=\begin{pmatrix}0 & -1\\1 & 1\end{pmatrix}\begin{pmatrix}0 & -1\\1 & 1\end{pmatrix}=\begin{pmatrix}-1 & -1\\1 & 0\end{pmatrix}$

$$A^3=\begin{pmatrix}-1 & -1\\1 & 0\end{pmatrix}\begin{pmatrix}0 & -1\\1 & 1\end{pmatrix}=\begin{pmatrix}-1 & 0\\0 & -1\end{pmatrix}$$

$$A^4=\begin{pmatrix}-1 & 0\\0 & -1\end{pmatrix}\begin{pmatrix}0 & -1\\1 & 1\end{pmatrix}=\begin{pmatrix}0 & 1\\-1 & -1\end{pmatrix}$$

$$A^5=\begin{pmatrix}0 & 1\\-1 & -1\end{pmatrix}\begin{pmatrix}0 & -1\\1 & 1\end{pmatrix}=\begin{pmatrix}1 & 1\\-1 & 0\end{pmatrix}$$

$$A^6=\begin{pmatrix}1 & 1\\-1 & 0\end{pmatrix}\begin{pmatrix}0 & -1\\1 & 1\end{pmatrix}=\begin{pmatrix}1 & 0\\0 & 1\end{pmatrix}=E$$

（i）　S の2つの要素を A^m，A^n とすると，$A^mA^n=A^{m+n}$．$m+n$ を6で割ったときの商を q，余りを r とすると $m+n=6q+r$

$$A^mA^n=A^{6q+r}=(A^6)^qA^r=E^qA^r=EA^r=A^r$$

$0\leqq r<6$ であるから　$A^r\in S$

$$\therefore\ A^mA^n\in S$$

よって S は乗法について閉じている．（ただし $A^0=E$ と約束する）

(ii) 行列であるから結合律は成り立つ.

(iii) $A^6=E\in S$　単位行列を含む.

(iv) $A^n\in S$ ならば $A^{6-n}\in S$

$$A^nA^{6-n}=A^6=E$$

A^{6-n} は A^n の逆行列である.

(v) $A^mA^n=A^{m+n}=A^{n+m}=A^nA^m$　だから可換律をみたす.

以上によって S は乗法に関し可換群をなす.

6 複素数を行列で表す

α, z を複素数とすると $f(z)=\alpha z$ は $\boldsymbol{C}$ から $\boldsymbol{C}$ への写像である. この写像を実部と虚部によって表してみよう.

$$z'=\alpha z \quad ①$$

$\alpha=a+bi$, $z=x+yi$, $z'=x'+y'i$ とおくと

$$x'+y'i=(a+bi)(x+yi)$$
$$=(ax-by)+(bx+ay)i$$

$$\therefore \begin{cases} x'=ax-by \\ y'=bx+ay \end{cases} \qquad \therefore \begin{pmatrix} x' \\ y' \end{pmatrix}=\begin{pmatrix} a & -b \\ b & a \end{pmatrix}\begin{pmatrix} x \\ y \end{pmatrix}$$

複素数 $\alpha=a+bi$ には, 1つの写像①が対応し, この写像には行列が1つ対応する. そこで対応

$$g : a+bi \longmapsto \begin{pmatrix} a & -b \\ b & a \end{pmatrix}$$

を考えると, g は写像である. 逆にこの逆対応

$$g^{-1} : \begin{pmatrix} a & -b \\ b & a \end{pmatrix} \longmapsto a+bi$$

も写像になる.

したがって, 複素数の全体 $\boldsymbol{C}$ と上の形の行列全体 $\boldsymbol{C}'$ とは, g によって1対1に対応する.

このことから, $\boldsymbol{C}'$ は $\boldsymbol{C}$ と同一視できるのではないかという気がしよう.

× ×

そこで C' の実体をつきとめよう．

$$A=\begin{pmatrix} a & -b \\ b & a \end{pmatrix}=a\begin{pmatrix} 1 & 0 \\ 0 & 1 \end{pmatrix}+b\begin{pmatrix} 0 & -1 \\ 1 & 0 \end{pmatrix}$$

これを $A=aE+bF$ と表すことにすれば簡単である．

（i）　C' が加群であることは説明するまでもなかろう．

（ii）　乗法はどうか．

$A=aE+bF$，$B=cE+dF$ とすると

$$AB=acE+(ad+bc)F+bdF^2$$

ところが　$F^2=\begin{pmatrix} 0 & -1 \\ 1 & 0 \end{pmatrix}\begin{pmatrix} 0 & -1 \\ 1 & 0 \end{pmatrix}=\begin{pmatrix} -1 & 0 \\ 0 & -1 \end{pmatrix}=-E$ であるから

$$AB=(ac-bd)E+(ad+bc)F\in C'$$

C' は乗法について閉じている．行列であるから結合律をみたす．また上の式は a と c，b と d を同時にいれかえても変らないから可換律をみたす．

行列だから分配律が成り立つのは当然である．

単位行列 E は C' に属す．次に $|A|=a^2+b^2$ であるから $a=b=0$，すなわち $A=O$ の場合を除き A には逆行列がある．

以上によって C' は C と全く同じ計算のできる集合であることがわかった．

$A=aE+bF$ において E を 1，F を i とみれば，$A=a+bi$ となって復素数に姿をかえる．

もっとあかぬけした解明を試みたいというのであったら写像

$$g:\begin{cases} C \longrightarrow C' \\ a+bi \longmapsto \begin{pmatrix} a & -b \\ b & a \end{pmatrix} \end{cases}$$

は同型写像になることをいえばよい．

練　習　問　題

34．　2次の正方行列 A が交代行列ならば

$$|A|\geqq 0$$

であることを証明せよ．（このことは何次の交代行列についても

成り立つことが知られている)

35. A, B が対称行列であるとき

(1) $A+B$ は対称行列か.

(2) AB は対称行列か.

36. A, B が交代行列であるとき

(1) $A+B$ は交代行列か.

(2) AB は交代行列か.

37. 次の恒等式を証明せよ.

$$(a^2+c^2-1)^2+(b^2+d^2-1)^2+2(ab+cd)^2$$
$$=(a^2+b^2-1)^2+(c^2+d^2-1)^2+2(ac+bd)^2$$

38. 次の行列を対称行列と交代行列の和として表せ.

(1) $\begin{pmatrix} 3 & 6 \\ -4 & 7 \end{pmatrix}$ (2) $\begin{pmatrix} a & b \\ c & d \end{pmatrix}$

39. 行列 $A=\begin{pmatrix} 1 & a \\ 0 & 1 \end{pmatrix}$ に a を対応させる写像を f で表すとき, 次のことを証明せよ.

(1) $f(AB)=f(A)+f(B)$

(2) $f(E)=0$

(3) $f(A^{-1})=-f(A)$

(4) $f(A^{-1}B)=f(BA^{-1})=f(B)-f(A)$

40. A が次の行列のとき, A^2, A^3, A^4 を求めよ.

$$A=\begin{pmatrix} 0 & 1 \\ -1 & 0 \end{pmatrix}$$

集合 $S=\{A,\ A^2,\ A^3,\ A^4\}$ は乗法に関して可換群をなすことを示せ.

41. A が次の行列のとき, A^2, A^3,…… を求め単位行列になったら止めよ.

$$A=\begin{pmatrix} 0 & -1 \\ 1 & \sqrt{2} \end{pmatrix}$$

$A^n=E$ をみたす n の最小値を m とするとき. 集合 $G=\{A, A^2, \cdots\cdots, A^m\}$ は乗法に関して可換群をなすことを示せ.

42.　次の集合は乗法に関して準群をなすことを示せ.

$$\{\underset{\substack{\parallel \\ \begin{pmatrix}0&0\\0&0\end{pmatrix}}}{O} \quad \underset{\substack{\parallel \\ \begin{pmatrix}1&0\\0&0\end{pmatrix}}}{E_{11}} \quad \underset{\substack{\parallel \\ \begin{pmatrix}0&1\\0&0\end{pmatrix}}}{E_{12}} \quad \underset{\substack{\parallel \\ \begin{pmatrix}0&0\\1&0\end{pmatrix}}}{E_{21}} \quad \underset{\substack{\parallel \\ \begin{pmatrix}0&0\\0&1\end{pmatrix}}}{E_{22}}\}$$

43.　$\begin{pmatrix}a&0\\c&b\end{pmatrix}$ の形の行列を**下三角行列**という．この形の行列の集合は，2次正方行列全体の部分環になることを示せ.

44.　$|A|=1$ をみたす行列全体 G は乗法に関して群をなすことを明かにせよ.

45.　A を与えられた正則行列とするとき，A と交換可能な行列全体 G，すなわち

$$G=\{X \mid AX=XA\}$$

は，行列全体の部分環になることを示せ.

§6

相似とJordan型

1 行列にも相似がある

整理と分類は学問の第1歩であろう．無数にある行列を，その基本的構造によって分類することができないものか．行列そのものは外から眺めても，類似点が見つかりそうもない．そこで，行列の具象化を計ろう．

行列のふるさととして重要なのは線型写像であった．写像ならば視覚化が可能だから，類似点が見えるかもしれない．

行列 A に対応する線型写像は

$$\boldsymbol{x}'=A\boldsymbol{x} \qquad ①$$

である．写像の本質は対応である．したがって，座標系が変ったとしても，点の対応が変らないならば，それらの写像の本質も変らないとみてよいだろう．

座標系を $(\mathrm{O}\,;\boldsymbol{e},\boldsymbol{f})$ から $(\mathrm{O}\,;\boldsymbol{a},\boldsymbol{b})$ にかえると ① は どうかわるだろうか．

はじめに，この座標変換の式を導いてみる．

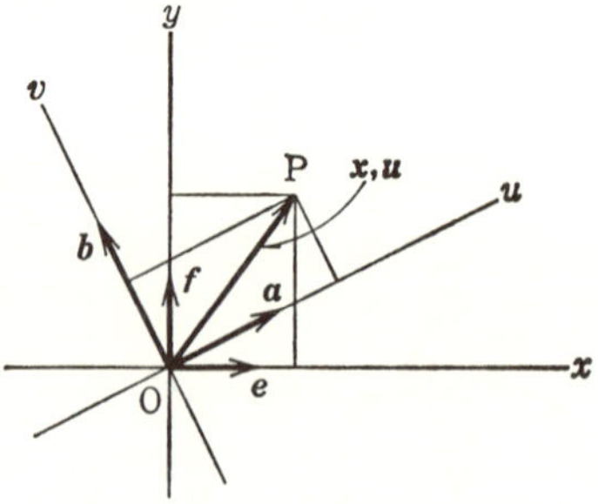

点 P の座標系 $(\mathrm{O}\,;\boldsymbol{e},\boldsymbol{f})$ に関する座標を $\boldsymbol{x}$，座標系 $(\mathrm{O}\,;\boldsymbol{a},\boldsymbol{b})$ に関する座標を $\boldsymbol{u}$ とする．ただし成分は

$$\boldsymbol{x}=\begin{pmatrix}x\\y\end{pmatrix},\quad \boldsymbol{u}=\begin{pmatrix}u\\v\end{pmatrix}$$

とおく．ベクトルでみると

$$\overrightarrow{\mathrm{OP}}=x\boldsymbol{e}+y\boldsymbol{f}=u\boldsymbol{a}+v\boldsymbol{b}$$

$\boldsymbol{a},\boldsymbol{b}$ のもとの 座標系 $(\mathrm{O}\,;\boldsymbol{e},\boldsymbol{f})$ に関する 成分を $\begin{pmatrix}p\\r\end{pmatrix}$, $\begin{pmatrix}q\\s\end{pmatrix}$ とす

ると

$$\boldsymbol{a}=p\boldsymbol{e}+r\boldsymbol{f},\quad \boldsymbol{b}=q\boldsymbol{e}+s\boldsymbol{f}$$

これらを $\overrightarrow{\mathrm{OP}}$ の式に代入して

$$x\boldsymbol{e}+y\boldsymbol{f}=u(p\boldsymbol{e}+r\boldsymbol{f})+v(q\boldsymbol{e}+s\boldsymbol{f})$$

$$\therefore\ x\boldsymbol{e}+y\boldsymbol{f}=(pu+qv)\boldsymbol{e}+(ru+sv)\boldsymbol{f}$$

$\boldsymbol{e},\boldsymbol{f}$ は1次独立であるから

$$\begin{cases} x=pu+qv \\ y=ru+sv \end{cases} \qquad \begin{pmatrix} x \\ y \end{pmatrix}=\begin{pmatrix} p & q \\ r & s \end{pmatrix}\begin{pmatrix} u \\ v \end{pmatrix}$$

$P=\begin{pmatrix} p & q \\ r & s \end{pmatrix}$ とおけば

$$\boldsymbol{x}=P\boldsymbol{u} \qquad ②$$

目的の座標変換の式が求まった.

× ×

写像①は，新しい座標系で表すとどうかわるだろうか.

$\boldsymbol{x}'$ を新座標系で表したものを $\boldsymbol{u}'$ とすると，②から

$$\boldsymbol{x}'=P\boldsymbol{u}' \qquad ③$$

②，③を用いて①を $\boldsymbol{u},\boldsymbol{u}'$ の関係にかえれば目的は果される.

$$P\boldsymbol{u}'=AP\boldsymbol{u}$$

P は正則だから両辺の左から P^{-1} をかけて

$$\boldsymbol{u}'=P^{-1}AP\boldsymbol{u}$$

$P^{-1}AP=B$ とおけば

$$\boldsymbol{u}'=B\boldsymbol{u}$$

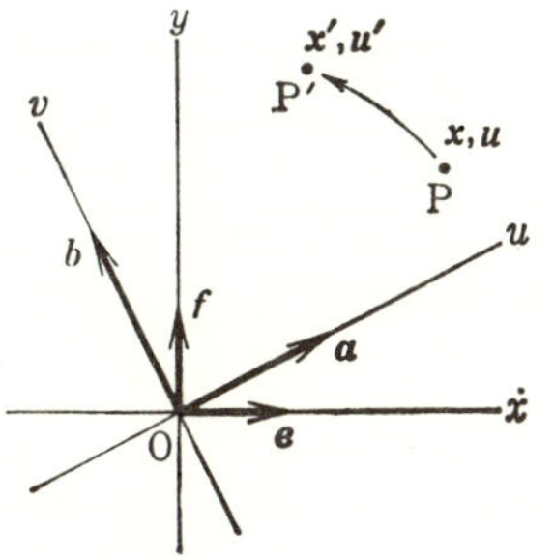

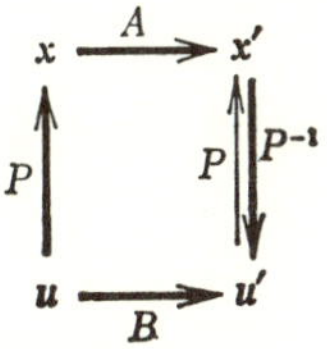

× ×

A と B は，平面上の同一の点対応を，異なる座標系で表した写像の行列であるから，深い関係を秘めた行列とみられる．

それで，一般に，2つの行列 A，B に対し

$$P^{-1}AP=B$$

をみたす正則行列 P が存在するとき，A と B は **相似** であるという．これを

$$A \sim B$$

で表してみる．

この相似が同値関係であるならば行列をクラスに分けるのに役に立つ．さて，相似は同値律をみたすだろうか．

（i）反射律　$A \sim A$

任意の行列 A に対し $E^{-1}AE=A$ であるから $A \sim A$ となり反射律をみたす．

（ii）対称律　$A \sim B \rightarrow B \sim A$

$A \sim B$ ならば $P^{-1}AP=B$ をみたす正則行列 P が存在する．これから $PBP^{-1}=A$，かきかえると $(P^{-1})^{-1}BP^{-1}=A$，よって $B \sim A$ となり，対称律をみたす．

（iii）推移律　$A \sim B,\ B \sim C \rightarrow A \sim C$

$A \sim B$，$B \sim C$ ならば

$$P^{-1}AP=B,\quad Q^{-1}BQ=C$$

をみたす正則行列 P，Q が存在する．これらの2式から B を消去すると

$$Q^{-1}P^{-1}APQ=C \quad \therefore\ (PQ)^{-1}A(PQ)=C \quad \therefore\ A \sim C$$

推移律もみたす．

以上により，相似は同値関係であることが明かにされた．したがって，行列は相似なものどうしを集めることによってクラス分けが可能である．

2 相似なものを作る基本操作

クラス分けでは，各クラスを表すための**代表**の選出が重要な課題である．代表は簡単なほどよい．行列で簡単なものといえば，対角成分以外が0のもの，すなわち

$$\begin{pmatrix}\alpha & 0\\ 0 & \beta\end{pmatrix}$$

の形のものである．これを**対角行列**と呼び，行列を対角行列にかえることを**対角化**という．

そこで，次の課題は，クラスの代表として対角行列を選出可能か，もし可能ならば，そのためには，どんな操作を試みればよいかということ．すなわち行列 A に対して

$$P^{-1}AP=\begin{pmatrix}\alpha & 0\\ 0 & \beta\end{pmatrix}$$

をみたす正則行列 P の存在の吟味とそれを求めること．

一般に $P^{-1}AP=B$ のとき，P によって A は B に変形されるとみられるから，この操作を写像とみて

$$A \xrightarrow{P} B$$

と表すことにしよう．

対角化のための行列 P を一気に求めるのは困難であるし，対角化が可能かどうかも明かでない．そこで，A を対角行列に近づけていく操作を簡単なものに分解することからはじめよう．

× ×

任意の行列を

$$A=\begin{pmatrix}a & b\\ c & d\end{pmatrix}$$

とする．

Ⅰ．単位化

b のところが1の行列にかえることができるだろうか．

$L=\begin{pmatrix}k & 0\\ 0 & 1\end{pmatrix}$ を A の右から，$L^{-1}=\dfrac{1}{k}\begin{pmatrix}1 & 0\\ 0 & k\end{pmatrix}$ を A の左からかけてみると

$$L^{-1}AL=\begin{pmatrix} a & \frac{b}{k} \\ ck & d \end{pmatrix}$$

よって $b\neq 0$ のとき $k=b$ と選ぶならば，目的は達せられる．

すなわち $b\neq 0$ のとき

$$L=\begin{pmatrix} b & 0 \\ 0 & 1 \end{pmatrix}$$

$$\begin{pmatrix} a & b \\ c & d \end{pmatrix} \xrightarrow{L} \begin{pmatrix} a & 1 \\ bc & d \end{pmatrix}$$

この操作を b の**単位化**と呼ぶことにしよう．

Ⅱ．**一般零化**

A を c のところが 0 の行列にかえることができるだろうか．

$M=\begin{pmatrix} 1 & 0 \\ k & 1 \end{pmatrix}$ を A の右から $M^{-1}=\begin{pmatrix} 1 & 0 \\ -k & 1 \end{pmatrix}$ を A の左からかけてみると

$$M^{-1}AM=\begin{pmatrix} a+bk & b \\ -bk^2-(a-d)k+c & d-bk \end{pmatrix}$$

したがって，$b\neq 0$ のとき，k の値として，方程式

$$bk^2+(a-d)k-c=0 \qquad ①$$

の解の 1 つを選べば目的が達せられる．まとめて

$$M=\begin{pmatrix} 1 & 0 \\ k & 1 \end{pmatrix}$$

$$\begin{pmatrix} a & b \\ c & d \end{pmatrix} \xrightarrow{M} \begin{pmatrix} a+bk & b \\ 0 & d-bk \end{pmatrix}$$

ただし，$b\neq 0$ で，k は方程式 ① の根．

この操作を**一般零化**と呼ぶことにする．

Ⅲ．**特殊零化**

$$A=\begin{pmatrix} a & b \\ 0 & d \end{pmatrix}$$

この行列を，b のところが 0 の行列にかえることができるだろうか．

$N=\begin{pmatrix} 1 & 1 \\ 0 & h \end{pmatrix}$ を A の右から，$N^{-1}=\dfrac{1}{h}\begin{pmatrix} h & -1 \\ 0 & 1 \end{pmatrix}$ を A の左からかけてみると

$$N^{-1}AN=\begin{pmatrix}a & bh+a-d\\0 & d\end{pmatrix}$$

そこで，$b\neq 0$，$a\neq d$ のとき $h=\dfrac{d-a}{b}$ を h の値として選べば，目的が達せられる．まとめて

$$N=\begin{pmatrix}1 & 1\\0 & h\end{pmatrix}$$

$$\begin{pmatrix}a & b\\0 & d\end{pmatrix}\xrightarrow{N}\begin{pmatrix}a & 0\\0 & d\end{pmatrix}$$

ただし，$b\neq 0$，$a\neq d$，$h=\dfrac{d-a}{b}$

この操作を**特殊零化**と呼ぶことにしよう．

Ⅳ．**いれかえ**

$$A=\begin{pmatrix}a & b\\c & d\end{pmatrix}$$

b と c をいれかえることができるか．

$K=\begin{pmatrix}0 & 1\\1 & 0\end{pmatrix}$ を A の右から，$K^{-1}=\begin{pmatrix}0 & 1\\1 & 0\end{pmatrix}$ を A の左からかけてみると

$$K^{-1}AK=\begin{pmatrix}d & c\\b & a\end{pmatrix}$$

a と d もいれかわってしまったが，とにかく初期の目的は達せられた．まとめると

$$K=\begin{pmatrix}0 & 1\\1 & 0\end{pmatrix}$$

$$\begin{pmatrix}a & b\\c & d\end{pmatrix}\xrightarrow{K}\begin{pmatrix}d & c\\b & a\end{pmatrix}$$

この操作を**いれかえ**と呼ぶことにしよう．

例 1　以上の操作を組合せて，次の行列の対角化を試みよ．

$$A=\begin{pmatrix}4 & -7\\2 & -5\end{pmatrix}$$

（解）　単位化のため $L=\begin{pmatrix}-7 & 0\\0 & 1\end{pmatrix}$ とおくと

$$L^{-1}AL=\begin{pmatrix}4 & 1\\-14 & -5\end{pmatrix}=B$$

一般零化のため $k^2+9k+14=0$ を解いて，2根は -2 と -7，k の値として -2 をとると

$$M=\begin{pmatrix}1 & 0\\ -2 & 1\end{pmatrix}$$

$$M^{-1}BM=\begin{pmatrix}2 & 1\\ 0 & -3\end{pmatrix}=C$$

特殊零化のため $h=-3-2=-5$ を用いて

$$N=\begin{pmatrix}1 & 1\\ 0 & -5\end{pmatrix}$$

$$N^{-1}CN=\begin{pmatrix}2 & 0\\ 0 & -3\end{pmatrix}=D$$

以上の操作を一気に行う行列はなにか．

$$\begin{aligned}D&=N^{-1}CN=N^{-1}M^{-1}BMN\\ &=N^{-1}M^{-1}L^{-1}ALMN\\ &=(LMN)^{-1}A(LMN)\end{aligned}$$

$$\begin{aligned}LMN&=\begin{pmatrix}-7 & 0\\ 0 & 1\end{pmatrix}\begin{pmatrix}1 & 0\\ -2 & 1\end{pmatrix}\begin{pmatrix}1 & 1\\ 0 & -5\end{pmatrix}\\ &=\begin{pmatrix}-7 & -7\\ -2 & -7\end{pmatrix}=P\end{aligned}$$

$$\therefore\ P^{-1}AP=\begin{pmatrix}2 & 0\\ 0 & -3\end{pmatrix}$$

例 2　前の操作によって，次の行列の対角化は可能か．可能でないならば，それに近い形にかえよ．

$$A=\begin{pmatrix}1 & -2\\ 2 & 5\end{pmatrix}$$

（解）　単位化のため $L=\begin{pmatrix}-2 & 0\\ 0 & 1\end{pmatrix}$ とおくと

$$L^{-1}AL=\begin{pmatrix}1 & 1\\ -4 & 5\end{pmatrix}=B$$

一般零化のため $k^2-4k+4=0$ を解くと $k=2$（重根），$M=\begin{pmatrix}1 & 0\\ 2 & 1\end{pmatrix}$ とおいて

$$M^{-1}BM=\begin{pmatrix}3 & 1\\ 0 & 3\end{pmatrix}=C$$

これには特殊零化を行うことができないから，先の操作の範囲で，これ以上の変形は不可能である．

以上の操作を一気に行う行列は

$$C=M^{-1}BM=M^{-1}L^{-1}ALM=(LM)^{-1}A(LM)$$

$$LM=\begin{pmatrix}-2 & 0\\ 0 & 1\end{pmatrix}\begin{pmatrix}1 & 0\\ 2 & 1\end{pmatrix}=\begin{pmatrix}-2 & 0\\ 2 & 1\end{pmatrix}=P$$

$$\therefore\ P^{-1}AP=\begin{pmatrix}3 & 1\\ 0 & 3\end{pmatrix}$$

3 代表としての Jordan 型

行列の相似によるクラス分けで，クラスの代表を見定めるときがきた．例1,2で試みたことを，一般の行列について試みれば，目的はかなえられよう．

任意の2次正方行列を

$$A=\begin{pmatrix}a & b\\ c & d\end{pmatrix}$$

とする．

（i） $b=c=0$ のとき

A はそのままで対角行列で，a と d が等しいかどうかによって，次のいずれかの型になる．

$$\begin{pmatrix}\alpha & 0\\ 0 & \alpha\end{pmatrix}\qquad \begin{pmatrix}\alpha & 0\\ 0 & \beta\end{pmatrix}\ (\alpha\neq\beta)$$

（ii） $b\neq0$ のとき

b のところを1にかえるため $L=\begin{pmatrix}b & 0\\ 0 & 1\end{pmatrix}$ を用いる．

$$L^{-1}AL=\begin{pmatrix}a & 1\\ bc & d\end{pmatrix}=B$$

次に bc のところを0にかえるため，方程式

$$k^2+(a-d)k-bc=0$$

の1根 k をとって行列

$$M=\begin{pmatrix}1 & 0\\ k & 1\end{pmatrix}$$

を作ると

$$M^{-1}BM=\begin{pmatrix} a+k & 1 \\ 0 & d-k \end{pmatrix}$$

ここで $a+k=\alpha$, $d-k=\beta$ とおくと

$$\alpha+\beta=a+d$$

$$\begin{aligned}\alpha\beta&=(a+k)(d-k)\\ &=ad-bc-\{k^2+(a-d)k-bc\}\\ &=ad-bc\end{aligned}$$

したがって，α, β は２次方程式

$$\lambda^2-(a+d)\lambda+ad-bc=0$$

の２根である．この α, β を用いて上の結果を表すと

$$M^{-1}BM=\begin{pmatrix} \alpha & 1 \\ 0 & \beta \end{pmatrix}=C$$

ここで，場合分けが起きる．

$\alpha=\beta$ のとき $\begin{pmatrix} \alpha & 1 \\ 0 & \alpha \end{pmatrix}$

$\alpha\neq\beta$ のときは C の１のところを０にかえることができた．

$$N=\begin{pmatrix} 1 & 1 \\ 0 & h \end{pmatrix},\quad h=\beta-\alpha$$

$$N^{-1}CN=\begin{pmatrix} \alpha & 0 \\ 0 & \beta \end{pmatrix}$$

（iii） $c\neq 0$ のとき

b と c をいれかえるために $K=\begin{pmatrix} 0 & 1 \\ 1 & 0 \end{pmatrix}$ を用いる．

$$K^{-1}AK=\begin{pmatrix} d & c \\ b & a \end{pmatrix}$$

この行列は $c\neq 0$ だから，（ii）の場合と同じである．

× ×

以上によって，２次正方行列は，次のいずれかの型の行列と相似であることがわかった．

$$\begin{pmatrix} \alpha & 0 \\ 0 & \alpha \end{pmatrix} \qquad \begin{pmatrix} \alpha & 1 \\ 0 & \alpha \end{pmatrix} \qquad \underset{\alpha\neq\beta}{\begin{pmatrix} \alpha & 0 \\ 0 & \beta \end{pmatrix}}$$

これらを **Jordan 型**という．

クラスの代表は，3つの Jordan 型のいずれかから選ぶことができる．ただし，クラスが3つになるのではない．たとえば

$$\begin{pmatrix}2 & 0\\ 0 & 3\end{pmatrix} \text{ と } \begin{pmatrix}5 & 0\\ 0 & -4\end{pmatrix}$$

とは，Jordan 型としては同じ形であるが，行列としては別のもので，それぞれ別のクラスを代表する．

Jordan 型における，α, β は，2次方程式

$$\lambda^2-(a+d)\lambda+ad-bc=0 \qquad ①$$

の2根である．

くわしくみると，①が重根をもつときは，それを α とすると，Jordan 型は

$$J_1=\begin{pmatrix}\alpha & 0\\ 0 & \alpha\end{pmatrix} \text{ または } J_2=\begin{pmatrix}\alpha & 1\\ 0 & \alpha\end{pmatrix}$$

①が異なる2根をもつときは，それらを α, β とすると，Jordan 型は

$$J_3=\begin{pmatrix}\alpha & 0\\ 0 & \beta\end{pmatrix} \qquad (\alpha \neq \beta)$$

× ×

方程式①を行列

$$A=\begin{pmatrix}a & b\\ c & d\end{pmatrix}$$

の**固有方程式**といい，その根を**固有値**というのである．

固有方程式はかきかえると

$$(a-\lambda)(d-\lambda)-bc=0$$

$$\begin{vmatrix}a-\lambda & b\\ c & d-\lambda\end{vmatrix}=0$$

左辺は行列 $\begin{pmatrix}a-\lambda & b\\ c & d-\lambda\end{pmatrix}$ の行列式．

この行列をさらにかきかえると

$$\begin{pmatrix}a & b\\ c & d\end{pmatrix}-\lambda\begin{pmatrix}1 & 0\\ 0 & 1\end{pmatrix}=A-\lambda E$$

したがって，固有方程式は

$$|A-\lambda E|=0$$

とも表される．

例 3　次の行列に相似な Jordan 型を固有方程式を用いて求めよ．

(1) $\begin{pmatrix}3 & 4\\ 1 & 3\end{pmatrix}$　　(2) $\begin{pmatrix}0 & 1\\ 2 & 0\end{pmatrix}$

（解）(1)　固有方程式は

$$\begin{vmatrix}3-\lambda & 4\\ 1 & 3-\lambda\end{vmatrix}=0,\quad (3-\lambda)^2-4=0$$

これを解いて，固有値は $\lambda=1,\ 5$

答 $\begin{pmatrix}1 & 0\\ 0 & 5\end{pmatrix}$

(2)　固有方程式は

$$\begin{vmatrix}0-\lambda & 1\\ 2 & 0-\lambda\end{vmatrix}=0,\quad \lambda^2-2=0$$

これを解いて固有値は $\lambda=\pm\sqrt{2}$

答 $\begin{pmatrix}\sqrt{2} & 0\\ 0 & -\sqrt{2}\end{pmatrix}$

×　　　　　×

固有方程式が重根のときには Jordan 型が 2 つあった．この区別は何にもとづくか．

Jordan 型 $J_1=\begin{pmatrix}\alpha & 0\\ 0 & \alpha\end{pmatrix}=\alpha E$ では，任意の正則行列 P に対して

$$P^{-1}J_1P=P^{-1}\cdot\alpha E\cdot P=\alpha EP^{-1}P\doteq\alpha E$$

となるから，J_1 と相似なものは J_1 自身で，このほかにはない．したがって，J_1 は最初から Jordan 型をしており，それと相似な別の行列に姿をかえることがない．

このことから，J_1 以外の型の行列で，固有方程式が重根 α をもったとすれば，それに相似な Jordan 型は

$$J_2=\begin{pmatrix}\alpha & 1\\ 0 & \alpha\end{pmatrix}$$

であるということがわかる．

例 4　次の行列と相似な Jordan 型を求めよ．

(1)　$\begin{pmatrix} 6 & 0 \\ 0 & 6 \end{pmatrix}$　　(2)　$\begin{pmatrix} 5 & -2 \\ 2 & 1 \end{pmatrix}$

（解）(1)　そのままが答

(2)　固有方程式は $(5-\lambda)(1-\lambda)+4=0$，これを解いて $\lambda=3$（重根），よって

$$答\ \begin{pmatrix} 3 & 1 \\ 0 & 3 \end{pmatrix}$$

4　Jordan 型を導く行列

クラスを代表する Jordan 型を導く行列の正体を明かにするときがきた．いままでは，この行列を分解して示したが，それを一括し，1つの行列を作ればよい．

$$A=\begin{pmatrix} a & b \\ c & d \end{pmatrix}\ (b\neq 0 \text{ or } c\neq 0)$$

$b=c=0$ のときは A 自身が Jordan 型だから問題にしなくてよい．しいて挙げよというなら単位行列を選べばよいだろう．すなわち

$$E^{-1}\begin{pmatrix} a & 0 \\ 0 & d \end{pmatrix}E=\begin{pmatrix} a & 0 \\ 0 & d \end{pmatrix}$$

×　　　　×

（i）$b\neq 0$ のとき

固有方程式

$$\lambda^2-(a+d)\lambda+ad-bc=0 \qquad ①$$

が異なる2根をもつときは

$$L=\begin{pmatrix} b & 0 \\ 0 & 1 \end{pmatrix},\ M=\begin{pmatrix} 1 & 0 \\ k & 1 \end{pmatrix},\ N=\begin{pmatrix} 1 & 1 \\ 0 & h \end{pmatrix}$$

$$(LMN)^{-1}A(LMN)=\begin{pmatrix} \alpha & 0 \\ 0 & \beta \end{pmatrix}=J_3$$

$$P=LMN=\begin{pmatrix} b & b \\ k & k+h \end{pmatrix}$$

ただし $a+k=\alpha$, $d-k=\beta$, $h=\beta-\alpha$ であったから $k=\alpha-a$, $k+h=\beta-a$

$$\therefore\ P=\begin{pmatrix} b & b \\ \alpha-a & \beta-a \end{pmatrix}$$

これが $P^{-1}AP=J_3$ すなわち

$$A \xrightarrow{P} J_3$$

をみたす行列である.

固有方程式①が重根 α をもつときは, 前の項の結果から

$$(LM)^{-1}A(LM)=\begin{pmatrix} \alpha & 1 \\ 0 & \alpha \end{pmatrix}=J_2$$

$$P=LM=\begin{pmatrix} b & 0 \\ k & 1 \end{pmatrix}=\begin{pmatrix} b & 0 \\ \alpha-a & 1 \end{pmatrix}$$

この P に対して $P^{-1}AP=J_2$ すなわち

$$A \xrightarrow{P} J_2$$

(ii) $c\neq 0$ のとき

$K=\begin{pmatrix} 0 & 1 \\ 1 & 0 \end{pmatrix}$ を最初に追加すると

$$K^{-1}AK=\begin{pmatrix} d & c \\ b & a \end{pmatrix} \quad c\neq 0$$

この固有方程式は①と同じ. したがって, ①が相異なる2根 α, β をもつときは, 上の行列に前と同様の操作 L, M, N を試みればよい. ただし a と d, b と c をいれかえたものであるから, L', M', N' で表すと

$$L'M'N'=\begin{pmatrix} c & c \\ \alpha-d & \beta-d \end{pmatrix}$$

これに K を追加して

$$P=KL'M'N'=\begin{pmatrix} \alpha-d & \beta-d \\ c & c \end{pmatrix}$$

$$\therefore\ A \xrightarrow{P} J_3$$

①が重根 α をもつときは, 同様にして

$$P=\begin{pmatrix} \alpha-d & 1 \\ c & 0 \end{pmatrix}$$

$$A \xrightarrow{P} J_2$$

× ×

以上の結果をまとめておく．

$$A=\begin{pmatrix} a & b \\ c & d \end{pmatrix}$$

固有方程式：$\lambda^2-(a+d)\lambda+ad-bc=0$

固有値：α, β

（i） $b\neq 0$ のとき

$\alpha\neq\beta$ ならば

$$P=\begin{pmatrix} b & b \\ \alpha-a & \beta-a \end{pmatrix},\quad P^{-1}AP=\begin{pmatrix} \alpha & 0 \\ 0 & \beta \end{pmatrix}$$

$\alpha=\beta$ ならば

$$P=\begin{pmatrix} b & 0 \\ \alpha-a & 1 \end{pmatrix},\quad P^{-1}AP=\begin{pmatrix} \alpha & 1 \\ 0 & \alpha \end{pmatrix}$$

（ii） $c\neq 0$ のとき

$\alpha\neq\beta$ ならば

$$P=\begin{pmatrix} \alpha-d & \beta-d \\ c & c \end{pmatrix},\quad P^{-1}AP=\begin{pmatrix} \alpha & 0 \\ 0 & \beta \end{pmatrix}$$

$\alpha=\beta$ ならば

$$P=\begin{pmatrix} \alpha-d & 1 \\ c & 0 \end{pmatrix},\quad P^{-1}AP=\begin{pmatrix} \alpha & 1 \\ 0 & \alpha \end{pmatrix}$$

例 5　次の行列を，それと相似な Jordan 型にかえる行列 P と Jordan 型を求めよ．

(1)　$A=\begin{pmatrix} 5 & -6 \\ 1 & -2 \end{pmatrix}$　　　(2)　$A=\begin{pmatrix} -3 & -2 \\ 2 & -7 \end{pmatrix}$

（解）(1)　固有方程式は $\lambda^2-3\lambda-4=0$，これを解いて固有値は $\alpha=4$，$\beta=-1$

$$\therefore\ P=\begin{pmatrix} -6 & -6 \\ 4-5 & -1-5 \end{pmatrix}=\begin{pmatrix} -6 & -6 \\ -1 & -6 \end{pmatrix}$$

Jordan 型は

$$P^{-1}AP=\begin{pmatrix} 4 & 0 \\ 0 & -1 \end{pmatrix}$$

(2)　固有方程式は $\lambda^2+10\lambda+25=0$，これを解いて固有値は $\alpha=-5$（重根）

$$\therefore\ P=\begin{pmatrix}-2 & 0\\ -5+3 & 1\end{pmatrix}=\begin{pmatrix}-2 & 0\\ -2 & 1\end{pmatrix}$$

Jordan 型は

$$P^{-1}AP=\begin{pmatrix}-5 & 1\\ 0 & -5\end{pmatrix}$$

× ×

Jordan 型の成分は実数とは限らない．たとえば

$$A=\begin{pmatrix}0 & -1\\ 1 & -1\end{pmatrix}$$

では，固有方程式は $\lambda^2+\lambda+1=0$ だから，固有値は $\dfrac{-1\pm\sqrt{3}i}{2}$．これは 1 の虚立方根で，一方を ω で表すと他方は ω^2 になる．よって

$$P=\begin{pmatrix}-1 & -1\\ \omega & \omega^2\end{pmatrix}$$

Jordan 型は

$$P^{-1}AP=\begin{pmatrix}\omega & 0\\ 0 & \omega^2\end{pmatrix}$$

5 固有ベクトル

先に求めた行列 P を列ベクトルを用いて $(\boldsymbol{p}\ \boldsymbol{q})$ と表したとき，これらのベクトルの正体を明かにするのが，ここの主要な課題である．

$b\neq 0$，$\alpha\neq\beta$ のときは

$$P=\begin{pmatrix}b & b\\ \alpha-a & \beta-a\end{pmatrix}=(\boldsymbol{p}\ \boldsymbol{q})$$

とおいてみると $|P|=b(\beta-\alpha)\neq 0$．これは 2 つのベクトル $\boldsymbol{p}$，$\boldsymbol{q}$ が 1 次独立であることを意味している．

さて $P^{-1}AP=\begin{pmatrix}\alpha & 0\\ 0 & \beta\end{pmatrix}$ をかきかえて

$$AP=P\begin{pmatrix}\alpha & 0\\ 0 & \beta\end{pmatrix}$$

$$A(\boldsymbol{p}\ \boldsymbol{q})=(\boldsymbol{p}\ \boldsymbol{q})\begin{pmatrix}\alpha & 0\\ 0 & \beta\end{pmatrix}$$

両辺の乗法を行うと

$$(A\boldsymbol{p}\ \ A\boldsymbol{q})=(\alpha\boldsymbol{p}\ \ \beta\boldsymbol{q})$$

成分の等式に分解して

$$A\boldsymbol{p}=\alpha\boldsymbol{p},\quad A\boldsymbol{q}=\beta\boldsymbol{q}$$

α, β は固有値であるから，λ で代表させるならば，ベクトル $\boldsymbol{p}, \boldsymbol{q}$ は

$$A\boldsymbol{x}=\lambda\boldsymbol{x} \qquad ①$$

をみたすベクトルであることがわかる．

さて，等式①は何を物語るか．線型写像 $f(\boldsymbol{x})=A\boldsymbol{x}$ を考えてみよ．$A\boldsymbol{x}$ はベクトル $\boldsymbol{x}$ の像で，それが $\lambda\boldsymbol{x}$ に等しいということは，ベクトル $\boldsymbol{x}$ は，この写像によって実数倍にかわるだけで，$\boldsymbol{x}\neq\boldsymbol{o}$ のときは，その方向をかえないということ．

$\boldsymbol{x}$ の成分は実数とは限らないが，とくに実数の場合でみると，図解は可能である．

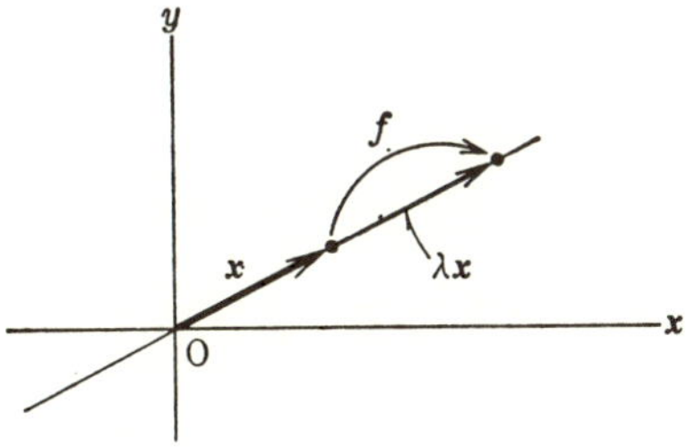

原点を通る直線のうち，写像 $f(\boldsymbol{x})=A\boldsymbol{x}$ によって，変らないものの方向ベクトルが①の解のうち $\boldsymbol{o}$ と異なるものである．

このように，線型写像によって，方向をかえないベクトルを**固有ベクトル**という．

× ×

$b\neq 0,\ \alpha\neq\beta$ のとき，固有ベクトルは①の解のうちゼロベクトルでないもので，次の2つで代表される．

$$\boldsymbol{p}=\begin{pmatrix} b \\ \alpha-a \end{pmatrix},\quad \boldsymbol{q}=\begin{pmatrix} b \\ \beta-a \end{pmatrix} \qquad ②$$

代表されるといったのは，$\boldsymbol{p}, \boldsymbol{q}$ に0でない実数をかけたものはすべて固有ベクトルになるからである．だから，上の $\boldsymbol{p}, \boldsymbol{q}$ によっ

て固有ベクトルの方向が定まるといってもよい．

$b \neq 0$，$\alpha \neq \beta$ のとき固有ベクトルは②を公式として求める．あるいは

$$(A-\alpha E)\boldsymbol{p}=\boldsymbol{0},\quad (A-\beta E)\boldsymbol{q}=\boldsymbol{0}$$

をみたす $\boldsymbol{p}$, $\boldsymbol{q}$ を視察で求める．

例6　次の線型写像の固有ベクトルを求めよ．

$$f(\boldsymbol{x})=A\boldsymbol{x},\quad A=\begin{pmatrix}-3 & 3\\ 4 & 1\end{pmatrix}$$

（解）　固有方程式は

$$\begin{vmatrix}-3-\lambda & 3\\ 4 & 1-\lambda\end{vmatrix}=(\lambda-1)(\lambda+3)-12=0$$

これを解いて固有値は $\alpha=3$，$\beta=-5$

固有ベクトルは②によると

$$\boldsymbol{p}=\begin{pmatrix}3\\ 6\end{pmatrix},\quad \boldsymbol{q}=\begin{pmatrix}3\\ -2\end{pmatrix}$$

あるいは，視察によって

$$(A-3E)\begin{pmatrix}?\end{pmatrix}=\begin{pmatrix}-6 & 3\\ 4 & -2\end{pmatrix}\begin{pmatrix}?\end{pmatrix}=\boldsymbol{0} \text{ から } \boldsymbol{p}=\begin{pmatrix}1\\ 2\end{pmatrix}$$

$$(A+5E)\begin{pmatrix}?\end{pmatrix}=\begin{pmatrix}2 & 3\\ 4 & 6\end{pmatrix}\begin{pmatrix}?\end{pmatrix}=\boldsymbol{0} \text{ から } \boldsymbol{q}=\begin{pmatrix}3\\ -2\end{pmatrix}$$

前の結果とちがうが，方向が同じベクトルならばなんであってもよいのだから簡単な後者を答とする．

6　一般固有ベクトルへ

$b \neq 0$ で，$\alpha=\beta$ のとき，つまり固有方程式が重根をもつ場合の固有ベクトルを調べてみる．

$$P=\begin{pmatrix}b & 0\\ \alpha-a & 1\end{pmatrix}=(\boldsymbol{p}\ \ \boldsymbol{q})$$

とおいてみよ．このときも $|P|=b \neq 0$ だから2つのベクトル $\boldsymbol{p}$, $\boldsymbol{q}$ は1次独立．

$$P^{-1}AP=\begin{pmatrix}\alpha & 1\\ 0 & \alpha\end{pmatrix} \text{ から } AP=P\begin{pmatrix}\alpha & 1\\ 0 & \alpha\end{pmatrix}$$

$$A(\boldsymbol{p}\ \boldsymbol{q})=(\boldsymbol{p}\ \boldsymbol{q})\begin{pmatrix}\alpha & 1\\ 0 & \alpha\end{pmatrix}$$

$$(A\boldsymbol{p}\ A\boldsymbol{q})=(\alpha\boldsymbol{p}\ \alpha\boldsymbol{q}+\boldsymbol{p})$$

$$\therefore \begin{cases} A\boldsymbol{p}=\alpha\boldsymbol{p} & ① \\ A\boldsymbol{q}=\alpha\boldsymbol{q}+\boldsymbol{p} & ② \end{cases}$$

①から $\boldsymbol{p}$ は固有ベクトルであることがわかる．しかし②からわかるように $\boldsymbol{q}$ は固有ベクトルではない．

①から $(A-\alpha E)\boldsymbol{p}=\boldsymbol{0}$

②から $(A-\alpha E)\boldsymbol{q}=\boldsymbol{p}$

これらの2式から

$$(A-\alpha E)^2\boldsymbol{q}=(A-\alpha E)\boldsymbol{p}=\boldsymbol{0}$$

つまり，$\boldsymbol{p}$ は $(A-\alpha E)\boldsymbol{x}=\boldsymbol{0}$ をみたし，$\boldsymbol{q}$ は $(A-\alpha E)^2\boldsymbol{x}=\boldsymbol{0}$ をみたす.

そこで，固有ベクトルの概念を拡張するため，

$$(A-\lambda E)^n\boldsymbol{x}=\boldsymbol{0}$$

をみたし，ゼロベクトルでない $\boldsymbol{x}$ を**一般固有ベクトル**という．

$b\neq 0$，$\alpha=\beta$ のときの一般固有ベクトルは公式

$$\boldsymbol{p}=\begin{pmatrix}b\\ \alpha-a\end{pmatrix},\quad \boldsymbol{q}=\begin{pmatrix}0\\ 1\end{pmatrix}$$

による．あるいは，固有値 λ を計算し

$$(A-\lambda E)\boldsymbol{p}=\boldsymbol{0}$$

をみたす $\boldsymbol{p}$ を1つ求め，その $\boldsymbol{p}$ に対して

$$(A-\lambda E)\boldsymbol{q}=\boldsymbol{p}$$

をみたす $\boldsymbol{q}$ を求めてもよい．

例7　次の写像の一般固有ベクトル $\boldsymbol{p},\boldsymbol{q}$ の1組を求めよ．ただし $\boldsymbol{p},\boldsymbol{q}$ は1次独立とする．

$$f(\boldsymbol{x})=A\boldsymbol{x},\quad A=\begin{pmatrix}2 & 4\\ -1 & 6\end{pmatrix}$$

（解）　固有方程式は

$$\begin{vmatrix}2-\lambda & 4\\ -1 & 6-\lambda\end{vmatrix}=(2-\lambda)(6-\lambda)+4=0$$

これを解いて $\lambda=4$（重根），固有値は4，固有ベクトルは公式によると

$$\boldsymbol{p}=\begin{pmatrix}4\\2\end{pmatrix},\quad \boldsymbol{q}=\begin{pmatrix}0\\1\end{pmatrix}$$

公式を忘れたときは，

$(A-4E)\begin{pmatrix}?\end{pmatrix}=\begin{pmatrix}-2&4\\-1&2\end{pmatrix}\begin{pmatrix}?\end{pmatrix}=\boldsymbol{0}$ をみたすベクトルの1つ $\boldsymbol{p}=\begin{pmatrix}2\\1\end{pmatrix}$ を求め，これに対して

$$\begin{pmatrix}-2&4\\-1&2\end{pmatrix}\begin{pmatrix}?\end{pmatrix}=\begin{pmatrix}2\\1\end{pmatrix}$$

をみたすベクトル $\boldsymbol{q}$ を求める．視察で自信がないならば

$$\begin{pmatrix}-2&4\\-1&2\end{pmatrix}\begin{pmatrix}x\\y\end{pmatrix}=\begin{pmatrix}2\\1\end{pmatrix}$$

を解く．方程式は2つできるが同値だから $-x+2y=1$ をとれば十分．これをみたす x，y の値は無数にある．

$y=t$ とおくと $x=2t-1$

$$\boldsymbol{q}=\begin{pmatrix}x\\y\end{pmatrix}=\begin{pmatrix}2t-1\\t\end{pmatrix}$$

t がどんな値であっても $\boldsymbol{p}$ と $\boldsymbol{q}$ は1次独立である．なぜかというに，行列

$$P=(\boldsymbol{p},\boldsymbol{q})=\begin{pmatrix}2&2t-1\\1&t\end{pmatrix}$$

を考えると $|P|=1$ だからである．$\boldsymbol{q}$ としてなるべく簡単なものをとる．たとえば $t=0$ とせよ．

$$\boldsymbol{p}=\begin{pmatrix}2\\1\end{pmatrix},\quad \boldsymbol{q}=\begin{pmatrix}-1\\0\end{pmatrix}$$

先に求めたベクトルと一致しないが，どちらも正しい答である．

×　　　　×

異なる固有値をもつとき，それらに対応する固有ベクトルの1組を $(\boldsymbol{p}\ \boldsymbol{q})=P$ とおくと

$$P^{-1}AP=\begin{pmatrix}\alpha&0\\0&\beta\end{pmatrix}$$

が成り立った.

しかし $\boldsymbol{p}$, $\boldsymbol{q}$ の実数倍も固有ベクトルであるから, 他の1組を $(h\boldsymbol{p}\ k\boldsymbol{q})=Q$ としたときにも

$$Q^{-1}AQ=\begin{pmatrix}\alpha & 0\\ 0 & \beta\end{pmatrix}$$

は成り立つだろうかという不安は残る.

それが取越し苦労に過ぎないことは, 簡単に確められる. なぜなら

$$Q=(h\boldsymbol{p}\ k\boldsymbol{q})=(\boldsymbol{p}\ \boldsymbol{q})\begin{pmatrix}h & 0\\ 0 & k\end{pmatrix}=P\begin{pmatrix}h & 0\\ 0 & k\end{pmatrix}$$

$$\begin{aligned}Q^{-1}AQ&=\begin{pmatrix}h & 0\\ 0 & k\end{pmatrix}^{-1}P^{-1}AP\begin{pmatrix}h & 0\\ 0 & k\end{pmatrix}\\ &=\begin{pmatrix}h & 0\\ 0 & k\end{pmatrix}^{-1}\begin{pmatrix}\alpha & 0\\ 0 & \beta\end{pmatrix}\begin{pmatrix}h & 0\\ 0 & k\end{pmatrix}\\ &=\begin{pmatrix}h & 0\\ 0 & k\end{pmatrix}^{-1}\begin{pmatrix}h & 0\\ 0 & k\end{pmatrix}\begin{pmatrix}\alpha & 0\\ 0 & \beta\end{pmatrix}\\ &=\begin{pmatrix}\alpha & 0\\ 0 & \beta\end{pmatrix}\end{aligned}$$

となるからである.

練 習 問 題

46. 行列 $A=\begin{pmatrix}2 & 4\\ 3 & 1\end{pmatrix}$ を次の順序をふんで対角化せよ.

(1) $A\xrightarrow{L}\begin{pmatrix}2 & 1\\ ? & 1\end{pmatrix}=B$, $L=?$

(2) $B\xrightarrow{M}\begin{pmatrix}? & 1\\ 0 & ?\end{pmatrix}=C$, $M=?$

(3) $C\xrightarrow{N}\begin{pmatrix}? & 0\\ 0 & ?\end{pmatrix}=D$, $N=?$

47 行列 $A=\begin{pmatrix}1 & 3\\ -3 & 7\end{pmatrix}$ を次の順序をふんで Jordan 型 J_2 にかえよ.

(1) $A\xrightarrow{L}\begin{pmatrix}1 & 1\\ ? & 7\end{pmatrix}=B$, $L=?$

(2) $B\xrightarrow{M}\begin{pmatrix}? & 1\\ 0 & ?\end{pmatrix}=C$, $M=?$

48. 46. 47. の行列 A を，固有値を求めて Jordan 型にかえよ．

49. 次の行列 A を，固有値を求め，Jordan 型にかえよ．

(1) $A=\begin{pmatrix} 5 & -7 \\ 2 & -3 \end{pmatrix}$ (2) $A=\begin{pmatrix} -1 & -8 \\ 2 & -9 \end{pmatrix}$

50. 対称行列 $A=\begin{pmatrix} a & h \\ h & b \end{pmatrix}$ $(h \neq 0)$ について次のことを証明せよ．

(1) 固有値は異なる実数である．

(2) 2つの固有ベクトルは直交する．

51. 次の行列 A を，それと相似な Jordan 型 J にかえよ．また，そのとき $P^{-1}AP=J$ をみたす P を求めよ．

(1) $A=\begin{pmatrix} \cos\theta & -\sin\theta \\ \sin\theta & \cos\theta \end{pmatrix}$, $(\theta \neq n\pi)$

(2) $A=\begin{pmatrix} \cos\theta & \sin\theta \\ \sin\theta & -\cos\theta \end{pmatrix}$, $(\theta \neq n\pi)$

52. 写像 $\boldsymbol{x}'=A\boldsymbol{x}$，$A=\begin{pmatrix} 3 & 8 \\ 1 & -4 \end{pmatrix}$ について次の問に答えよ．

(1) 固有ベクトル $\boldsymbol{p}, \boldsymbol{q}$ を求めよ．

(2) 座標系として $(\mathrm{O}\,;\,\boldsymbol{p}, \boldsymbol{q})$ をとれば，上の写像の式はどのようにかわるか．ただし，O はもとの座標系の原点とする．

§7

Jordan 型の応用

1 Jordan 型の写像

行列を相似によってクラスに分けたとき，その代表としてクローズアップしたのが Jordan 型であるから，この型は行列としては重要なものである．この重要な行列の表す写像の実体を知ることは，われわれの興味をひく．

× ×

最も簡単な Jordan 型 J_1 に対応する線型写像 f_1 は，

$$\begin{pmatrix} x' \\ y' \end{pmatrix} = \begin{pmatrix} \alpha & 0 \\ 0 & \alpha \end{pmatrix} \begin{pmatrix} x \\ y \end{pmatrix} \rightleftarrows \begin{cases} x' = \alpha x \\ y' = \alpha y \end{cases}$$

これは，α を実数とすると，原点を中心とする**相似変換**で，α は倍率である．

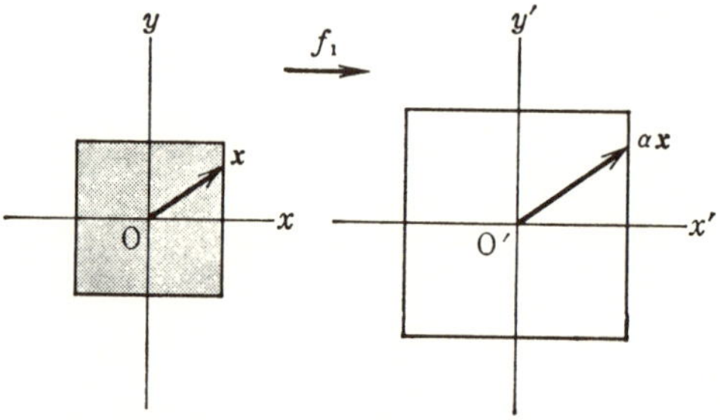

任意のベクトル $\boldsymbol{x}$ に対して

$$J_1\boldsymbol{x} = \alpha E\boldsymbol{x} = \alpha\boldsymbol{x}$$

となるから，零ベクトルでないすべてのベクトルは固有ベクトルである．したがって，原点を通るすべての直線は写像によって動かない．

× ×

Jordan 型 J_3 に対応する写像 f_3 は

$$\begin{pmatrix} x' \\ y' \end{pmatrix} = \begin{pmatrix} \alpha & 0 \\ 0 & \beta \end{pmatrix} \begin{pmatrix} x \\ y \end{pmatrix} \rightleftarrows \begin{cases} x' = \alpha x \\ y' = \beta y \end{cases}$$

ただし $\alpha \neq \beta$ である．

α，β が実数のとき，この写像は x 座標を α 倍，y 座標を β 倍するもので，俗称は**のばし**または**伸縮**である．

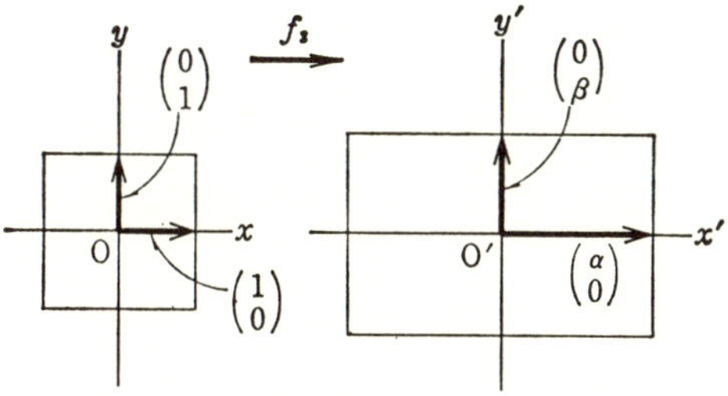

固有ベクトルはどんなベクトルだろうか.

$$J_3-\alpha E=\begin{pmatrix}0 & 0\\0 & \beta-\alpha\end{pmatrix} \qquad \beta-\alpha\neq 0$$

$$J_3-\beta E=\begin{pmatrix}\alpha-\beta & 0\\0 & 0\end{pmatrix} \qquad \alpha-\beta\neq 0$$

これらにかけると，結果が $\boldsymbol{0}$ になるベクトルのうち $\boldsymbol{0}$ でないものの代表は，それぞれ

$$\begin{pmatrix}1\\0\end{pmatrix} \qquad \begin{pmatrix}0\\1\end{pmatrix}$$

したがって，座標軸が不動直線である.

のばしのうち，とくに $\alpha=1$，$\beta=-1$ の場合は x 軸に関する対称移動，$\alpha=-1$，$\beta=1$ の場合は y 軸に関する対称移動である.

× ×

読者になじみの薄いのは Jordan 型 J_2 に対応する写像 f_2 であろう.

$$\begin{pmatrix}x_1\\y_1\end{pmatrix}=\begin{pmatrix}\alpha & 1\\0 & \alpha\end{pmatrix}\begin{pmatrix}x\\y\end{pmatrix} \rightleftarrows \begin{cases}x'=\alpha x+y\\y'=\alpha y\end{cases}$$

α が実数の場合をみると，y 座標は α 倍するだけで，x 座標は α 倍してから y 座標を加えるものである.

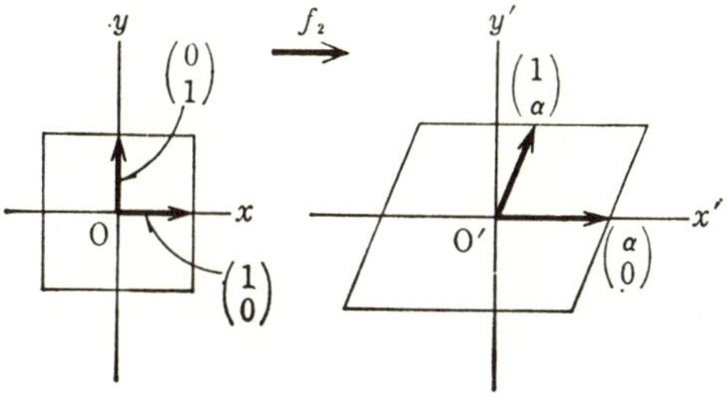

固有ベクトルを求めてみる．

$$J_2-\alpha E=\begin{pmatrix}0 & 1\\ 0 & 0\end{pmatrix}$$

これにかけると結果が $\boldsymbol{0}$ になるベクトルのうち $\boldsymbol{0}$ と異なるものの代表は

$$\begin{pmatrix}1\\ 0\end{pmatrix}$$

であるから，x 軸に平行なベクトルが固有ベクトルであって，不動直線は x 軸である．

なお $J_3\begin{pmatrix}0\\ 1\end{pmatrix}=\begin{pmatrix}1\\ \alpha\end{pmatrix}$ であるから，y 軸は傾いて直線 $y=\alpha x$ にかわる．

2 Jordan 型の累乗

一般の行列の n 乗を 1 つの行列で表すことは容易でない．しかし Jordan 型ならばいたって簡単である

J_1 の n 乗は説明するまでもなかろう J_1 は αE に等しいから

$$J_1^n=(\alpha E)^n=\alpha^n E^n=\alpha^n E$$

$$\therefore\quad \begin{pmatrix}\alpha & 0\\ 0 & \alpha\end{pmatrix}^n=\begin{pmatrix}\alpha^n & 0\\ 0 & \alpha^n\end{pmatrix}$$

J_3 の n 乗もやさしい．

$$J_3^n=\begin{pmatrix}\alpha & 0\\ 0 & \beta\end{pmatrix}^n=\begin{pmatrix}\alpha^n & 0\\ 0 & \beta^n\end{pmatrix}$$

J_2 の n 乗は帰納的に考える．

$$J_2^2=\begin{pmatrix}\alpha & 1\\ 0 & \alpha\end{pmatrix}\begin{pmatrix}\alpha & 1\\ 0 & \alpha\end{pmatrix}=\begin{pmatrix}\alpha^2 & 2\alpha\\ 0 & \alpha^2\end{pmatrix}$$

$$J_2^3=\begin{pmatrix}\alpha^2 & 2\alpha\\ 0 & \alpha^2\end{pmatrix}\begin{pmatrix}\alpha & 1\\ 0 & \alpha\end{pmatrix}=\begin{pmatrix}\alpha^3 & 3\alpha^2\\ 0 & \alpha^3\end{pmatrix}$$

$$J_2^4=\begin{pmatrix}\alpha^3 & 3\alpha^2\\ 0 & \alpha^3\end{pmatrix}\begin{pmatrix}\alpha & 1\\ 0 & \alpha\end{pmatrix}=\begin{pmatrix}\alpha^4 & 4\alpha^3\\ 0 & \alpha^4\end{pmatrix}$$

これで n 乗の場合の予想がついた．

$$J_2^n=\begin{pmatrix}\alpha^n & n\alpha^{n-1}\\ 0 & \alpha^n\end{pmatrix}$$

× ×

一般の行列は，それと相似なJordan型を仲立として，n乗を求める道がある．行列Aと相似なJordan型をJとすると

$$P^{-1}AP=J \qquad \therefore \quad A=PJP^{-1}$$

をみたす正則行列Pが存在する．そこでAの2乗，3乗を計算してみると

$$A^2=(PJP^{-1})(PJP^{-1})=PJ^2P^{-1}$$
$$A^3=(PJ^2P^{-1})(PJP^{-1})=PJ^3P^{-1}$$

以下同様にして

$$A^n=PJ^nP^{-1}$$

ところがJ^nは簡単に1つの行列に直せた．また，前の章で明かにしたように，AからPを求めることができた．したがって，上の式の右辺は1つの行列に直せる．

たとえば

$$A=\begin{pmatrix} a & b \\ c & d \end{pmatrix} \quad (b\neq 0)$$

の固有値が異なるときは，それをα，βとすると

$$A^n=\begin{pmatrix} b & b \\ \alpha-a & \beta-a \end{pmatrix}\begin{pmatrix} \alpha^n & 0 \\ 0 & \beta^n \end{pmatrix}\begin{pmatrix} b & b \\ \alpha-a & \beta-a \end{pmatrix}^{-1}$$

さらにこの式から

$$\lim_{n\to\infty} A^n$$

も求められる．

3 連立漸化式を解く

数列はそのいくつかの項の関係式によって定義される．その関係式を，普通**漸化式**という．

2つの数列

$$x_1, x_2, \cdots\cdots x_n, x_{n+1}, \cdots\cdots$$
$$y_1, y_2, \cdots\cdots y_n, y_{n+1}, \cdots\cdots$$

の一般項の間に，関係

$$\begin{cases} x_{n+1}=ax_n+by_n \\ y_{n+1}=cx_n+dy_n \end{cases}$$

があるとき，これをもとにして，2つの数列の一般項を求めることを考えてみる．

上の漸化式は，行列を用いて表すと

$$\begin{pmatrix} x_{n+1} \\ y_{n+1} \end{pmatrix}=\begin{pmatrix} a & b \\ c & d \end{pmatrix}\begin{pmatrix} x_n \\ y_n \end{pmatrix}$$

さらに

$$\boldsymbol{x}_{n+1}=\begin{pmatrix} x_{n+1} \\ y_{n+1} \end{pmatrix},\quad A=\begin{pmatrix} a & b \\ c & d \end{pmatrix},\quad \boldsymbol{x}_n=\begin{pmatrix} x_n \\ y_n \end{pmatrix}$$

とおくならば

$$\boldsymbol{x}_{n+1}=A\boldsymbol{x}_n \qquad ①$$

これは，ベクトルの列

$$\boldsymbol{x}_1,\boldsymbol{x}_2,\cdots\cdots,\ \boldsymbol{x}_n,\boldsymbol{x}_{n+1},\cdots\cdots$$

の相隣る2項間の漸化式ともみられる．

①を反復利用して

$$\boldsymbol{x}_n=A^{n-1}\boldsymbol{x}_1$$

A^{n-1} を1つの行列に直すことについては，前の項で学んだから，さらに初期値として初項 $\boldsymbol{x}_1$ を与えられてあれば $\boldsymbol{x}_n$ は分り，したがって x_n, y_n は求められる．

×　　　　　×

簡単な例に当ってみる．

例1　次の条件をみたす数列 $\{x_n\}$, $\{y_n\}$ の一般項を求めよ．

$$\begin{cases} x_{n+1}=6x_n-4y_n \\ y_{n+1}=3x_n-y_n \end{cases} \qquad \begin{cases} x_1=2 \\ y_1=1 \end{cases}$$

（解）$\begin{pmatrix} x_{n+1} \\ y_{n+1} \end{pmatrix}=\begin{pmatrix} 6 & -4 \\ 3 & -1 \end{pmatrix}\begin{pmatrix} x_n \\ y_n \end{pmatrix}$

これを $\boldsymbol{x}_{n+1}=A\boldsymbol{x}_n$ とおく．

$$\boldsymbol{x}_n=A^{n-1}\boldsymbol{x}_1 \qquad ①$$

行列 A の固有方程式は

$$\begin{vmatrix} 6-\lambda & -4 \\ 3 & -1-\lambda \end{vmatrix}=(\lambda-6)(\lambda+1)+12=0$$

これを解いて，固有値は $\alpha=2$，$\beta=3$

$$(A-2E)\boldsymbol{p}=\begin{pmatrix}4 & -4\\ 3 & -3\end{pmatrix}\boldsymbol{p}=\boldsymbol{0}$$

$$(A-3E)\boldsymbol{p}=\begin{pmatrix}3 & -4\\ 3 & -4\end{pmatrix}\boldsymbol{q}=\boldsymbol{0}$$

これらをみたす $\boldsymbol{p}$，$\boldsymbol{q}$ は

$$\boldsymbol{p}=\begin{pmatrix}1\\ 1\end{pmatrix},\quad \boldsymbol{q}=\begin{pmatrix}4\\ 3\end{pmatrix}$$

これらが固有ベクトルである．$P=(\boldsymbol{p}\ \boldsymbol{q})$ とおくと

$$A=P\begin{pmatrix}2 & 0\\ 0 & 3\end{pmatrix}P^{-1}$$

$$\begin{aligned}A^{n-1}&=P\begin{pmatrix}2 & 0\\ 0 & 3\end{pmatrix}^{n-1}P^{-1}\\ &=\begin{pmatrix}1 & 4\\ 1 & 3\end{pmatrix}\begin{pmatrix}2^{n-1} & 0\\ 0 & 3^{n-1}\end{pmatrix}\begin{pmatrix}-3 & 4\\ 1 & -1\end{pmatrix}\\ &=\begin{pmatrix}-3\cdot2^{n-1}+4\cdot3^{n-1} & 4\cdot2^{n-1}-4\cdot3^{n-1}\\ -3\cdot2^{n-1}+3\cdot3^{n-1} & 4\cdot2^{n-1}-3\cdot3^{n-1}\end{pmatrix}\end{aligned}$$

① から

$$\begin{pmatrix}x_n\\ y_n\end{pmatrix}=A^{n-1}\begin{pmatrix}2\\ 1\end{pmatrix}=\begin{pmatrix}-2^n+4\cdot3^{n-1}\\ -2^n+3^n\end{pmatrix}$$

$$\therefore\quad \begin{cases}x_n=4\cdot3^{n-1}-2^n\\ y_n=3^n-2^n\end{cases}$$

例 2　次の漸化式をみたす数列 $\{x_n\}$，$\{y_n\}$ の一般項 x_n，y_n を求めよ．

$$\begin{cases}x_{n+1}=4x_n-4y_n\\ y_{n+1}=x_n\end{cases}\qquad \begin{cases}x_1=1\\ y_1=1\end{cases}$$

（解）$\begin{pmatrix}x_{n+1}\\ y_{n+1}\end{pmatrix}=\begin{pmatrix}4 & -4\\ 1 & 0\end{pmatrix}\begin{pmatrix}x_n\\ y_n\end{pmatrix}$

これを $\boldsymbol{x}_{n+1}=A\boldsymbol{x}_n$ とおくと

$$\boldsymbol{x}_n=A^{n-1}\boldsymbol{x}_1$$

A の固有方程式は

$$\begin{vmatrix}4-\lambda & -4\\ 1 & 0-\lambda\end{vmatrix}=\lambda^2-4\lambda+4=0$$

これを解いて $\lambda=2$（重根），固有値は 2 で，固有ベクトルは公式で求めると

$$\boldsymbol{p}=\begin{pmatrix}-4\\-2\end{pmatrix},\ \boldsymbol{q}=\begin{pmatrix}0\\1\end{pmatrix}$$

$(\boldsymbol{p}\ \boldsymbol{q})=P$ とおくと

$$A=P\begin{pmatrix}2&1\\0&2\end{pmatrix}P^{-1}$$

$$A^{n-1}=P\begin{pmatrix}2&1\\0&2\end{pmatrix}^{n-1}P^{-1}$$

$$=\begin{pmatrix}-4&0\\-2&1\end{pmatrix}\begin{pmatrix}2^{n-1}&(n-1)2^{n-2}\\0&2^{n-1}\end{pmatrix}\frac{1}{4}\begin{pmatrix}-1&0\\-2&4\end{pmatrix}$$

$$=\begin{pmatrix}n2^{n-1}&-(n-1)2^{n}\\(n-1)2^{n-2}&-(n-2)2^{n-1}\end{pmatrix}$$

$$\therefore\quad \boldsymbol{x}_n=A^{n-1}\begin{pmatrix}1\\1\end{pmatrix}=\begin{pmatrix}-(n-2)2^{n-1}\\-(n-3)2^{n-2}\end{pmatrix}$$

$$\therefore\quad \begin{cases}x_n=-(n-2)2^{n-1}\\y_n=-(n-3)2^{n-2}\end{cases}$$

4

3 項間漸化式を解く

1 つの数列 $\{x_n\}$ の相隣る 3 項間の漸化式 $x_{n+1}=ax_n+bx_{n-1}$ は，$y_n=x_{n-1}$ とおいて，第 2 の数列 $\{y_n\}$ を補うならば

$$\begin{cases}x_{n+1}=ax_n+by_n\\y_{n+1}=x_n\end{cases}\quad (n=2,3,\cdots\cdots)$$

となって，連立の漸化式にかわる．したがって初期値として x_1 と x_2 との値を与えられておれば，$\{x_n\}$ の一般項を求めることができる．

×　　　　×

例 3　次の漸化式をみたす数列 $\{x_n\}$ の一般項を求めよ．

$$\begin{cases}x_{n+1}=x_n+x_{n-1}\\n=2,3,\cdots\cdots\end{cases}\quad \begin{cases}x_1=0\\x_2=1\end{cases}$$

（解）$y_n=x_{n-1}$ とおくと　$y_2=x_1=0$

$$\begin{cases} x_{n+1}=x_n+y_n \\ y_{n+1}=x_n \end{cases} \qquad \begin{pmatrix} x_{n+1} \\ y_{n+1} \end{pmatrix}=\begin{pmatrix} 1 & 1 \\ 1 & 0 \end{pmatrix}\begin{pmatrix} x_n \\ y_n \end{pmatrix} \qquad (n \geqq 2)$$

これを $\boldsymbol{x}_{n+1}=A\boldsymbol{x}_n$ とおくと

$$\boldsymbol{x}_n=A^{n-2}\boldsymbol{x}_2$$

行列 A の固有方程式は $(\lambda-1)\lambda-1=0$, これを解いて固有値は

$$\alpha=\frac{1+\sqrt{5}}{2}, \quad \beta=\frac{1-\sqrt{5}}{2}$$

固有ベクトルは

$$\boldsymbol{p}=\begin{pmatrix} 1 \\ \alpha-1 \end{pmatrix}=\begin{pmatrix} 1 \\ -\beta \end{pmatrix}, \quad \boldsymbol{q}=\begin{pmatrix} 1 \\ \beta-1 \end{pmatrix}=\begin{pmatrix} 1 \\ -\alpha \end{pmatrix}$$

$(\boldsymbol{p}\ \boldsymbol{q})=P$ とおくと

$$A=P\begin{pmatrix} \alpha & 0 \\ 0 & \beta \end{pmatrix}P^{-1} \qquad \boldsymbol{x}_2=\begin{pmatrix} x_2 \\ y_2 \end{pmatrix}=\begin{pmatrix} 1 \\ 0 \end{pmatrix}$$

$$\boldsymbol{x}_n=A^{n-2}\boldsymbol{x}_2=P\begin{pmatrix} \alpha^{n-2} & 0 \\ 0 & \beta^{n-2} \end{pmatrix}P^{-1}\boldsymbol{x}_2$$

$$=\begin{pmatrix} 1 & 1 \\ -\beta & -\alpha \end{pmatrix}\begin{pmatrix} \alpha^{n-2} & 0 \\ 0 & \beta^{n-2} \end{pmatrix}\begin{pmatrix} \alpha & 1 \\ -\beta & -1 \end{pmatrix}\frac{1}{\alpha-\beta}\begin{pmatrix} 1 \\ 0 \end{pmatrix}$$

$$=\frac{1}{\alpha-\beta}\begin{pmatrix} \alpha^{n-1}-\beta^{n-1} \\ \alpha\beta^{n-1}-\beta\alpha^{n-1} \end{pmatrix}$$

$$\therefore \quad x_n=\frac{\alpha^{n-1}-\beta^{n-1}}{\alpha-\beta}$$

$$=\frac{1}{\sqrt{5}}\left\{\left(\frac{1+\sqrt{5}}{2}\right)^{n-1}-\left(\frac{1-\sqrt{5}}{2}\right)^{n-1}\right\}$$

× ×

1つの数列 $\{x_n\}$ の2項間の漸化式が1次の分数式

$$x_{n+1}=\frac{ax_n+b}{cx_n+d}$$

によって与えられているときは, $x_n=u_n/v_n$ とおいて書きかえる.

$$\frac{u_{n+1}}{v_{n+1}}=\frac{au_n+bv_n}{cu_n+dv_n}$$

これを解くには

$$\begin{cases} u_{n+1}=au_n+bv_n \\ v_{n+1}=cu_n+dv_n \end{cases}$$

を解けば十分である．この漸化式は2つの数列 $\{u_n\}$，$\{v_n\}$ に関するもので，解き方は，先に知った通りである．

5　点変換と座標変換

写像のうちで，定義域と終域が同一のものを普通**変換**と呼んでいる．しかし，この区別はそれほど厳密なものではないから気にしなくてよい．慣用に従い変換と呼ぶことの多いものは変換と呼ぶ程度に割切っておこう．

1次変換は点を点に移す写像とみることができ，また座標軸をかえることともみられた．前者を**点変換**，後者を**座標変換**という．

いままで，この2つの関係をはっきりさせる機会がなかったから，ここで振り返ってみるのが親切であろう．

×　　　　×

平行座標系 $(O; \boldsymbol{e}, \boldsymbol{f})$ 上で，点 $\boldsymbol{x}$ を点 $\boldsymbol{x}'$ にうつす変換 f によって，点 $\boldsymbol{e}$ が点 $\boldsymbol{a}$ に，点 $\boldsymbol{f}$ が点 $\boldsymbol{b}$ にうつったとする．すなわち

$$\boldsymbol{e}=\begin{pmatrix}1\\0\end{pmatrix} \longmapsto \boldsymbol{a}=\begin{pmatrix}a\\c\end{pmatrix} \qquad \boldsymbol{f}=\begin{pmatrix}0\\1\end{pmatrix} \longmapsto \boldsymbol{b}=\begin{pmatrix}b\\d\end{pmatrix}$$

f がもしも線型性

（i）　$f(\boldsymbol{x}+\boldsymbol{y})=f(\boldsymbol{x})+f(\boldsymbol{y})$

（ii）　$f(k\boldsymbol{x})=kf(\boldsymbol{x})$

をみたしたとすると，f は次の式で表されることを，すでに学んだ．

$$\boldsymbol{x}'=A\boldsymbol{x} \quad ただし\ A=\begin{pmatrix}a & b\\c & d\end{pmatrix} \qquad ①$$

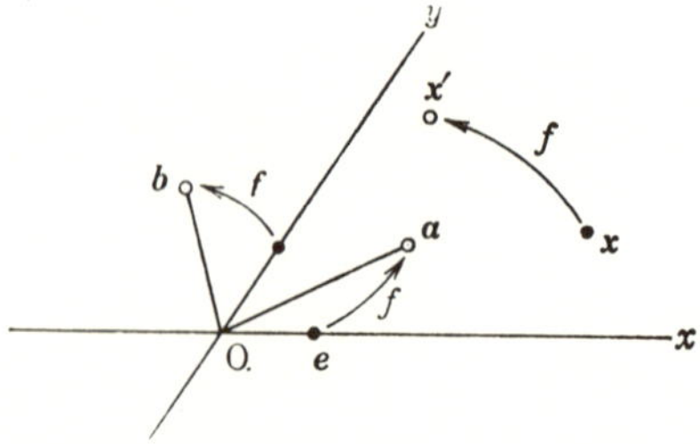

× ×

次に座標系（O；$\boldsymbol{e}$, $\boldsymbol{f}$）を座標系（O；$\boldsymbol{p}$, $\boldsymbol{q}$）にかえたとき，点Pのもとの座標 $\boldsymbol{x}$ が，新しい座標系に関しては $\boldsymbol{x}'$ にかわったとしよう．このとき $\boldsymbol{x}'$ に $\boldsymbol{x}$ を対応させる写像を座標変換というのである

この変換の式を導いてみる．$\boldsymbol{p}$, $\boldsymbol{q}$ をもとの座標系に対する成分で表したものを

$$\boldsymbol{p}=\begin{pmatrix} p \\ r \end{pmatrix},\quad \boldsymbol{q}=\begin{pmatrix} q \\ s \end{pmatrix}$$

とする．

$$\overrightarrow{\mathrm{OP}}=\boldsymbol{x}$$

$$\overrightarrow{\mathrm{OP}}=\boldsymbol{p}x'+\boldsymbol{q}y'=(\boldsymbol{p}\ \boldsymbol{q})\begin{pmatrix} x' \\ y' \end{pmatrix}$$

$$=\begin{pmatrix} p & q \\ r & s \end{pmatrix}\begin{pmatrix} x' \\ y' \end{pmatrix}=\begin{pmatrix} p & q \\ r & s \end{pmatrix}\boldsymbol{x}'$$

$$\therefore\quad \boldsymbol{x}=B\boldsymbol{x}' \quad ただし\quad B=\begin{pmatrix} p & q \\ r & s \end{pmatrix} \qquad ②$$

これで原点をかえない座標変換も１次変換であることが明かにされた．

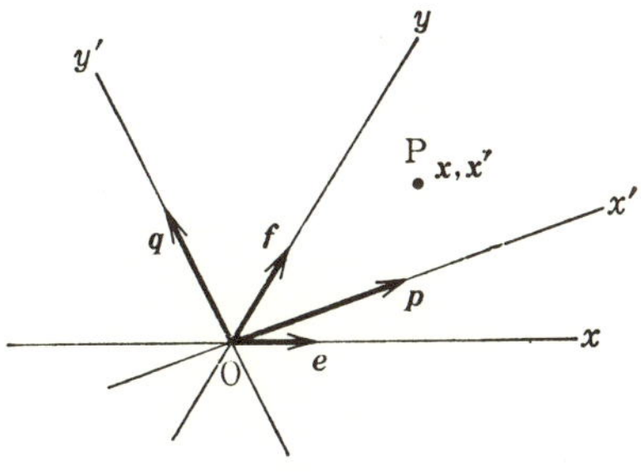

× ×

２つの式①，②をくらべてみよ．

点変換 座標変換

$\boldsymbol{x}'=A\boldsymbol{x}$ $\boldsymbol{x}=B\boldsymbol{x}'$

$\boldsymbol{x}$ と $\boldsymbol{x}'$ がいれかわっているに過ぎない．

一般に点変換 $\boldsymbol{x}'=A\boldsymbol{x}$ を $\boldsymbol{x}$ について解き

$$\boldsymbol{x}=A^{-1}\boldsymbol{x}'$$

とかえれば，これは座標変換になる．

逆の操作も同じことで，座標変換 $\boldsymbol{x}=B\boldsymbol{x}'$ を $\boldsymbol{x}'$ について解き

$$\boldsymbol{x}'=B^{-1}\boldsymbol{x}$$

とかえれば点変換になる．

×　　　　　×

座標系 $(O\,;\boldsymbol{e},\boldsymbol{f})$ は $\boldsymbol{e}$ と $\boldsymbol{f}$ が直交するならば**直交座標系**という．

直交座標系において，点変換

$$f:\boldsymbol{x}'=A\boldsymbol{x} \qquad ①$$

が合同変換であったとすると，行列 A はどんな条件をみたすだろうか．

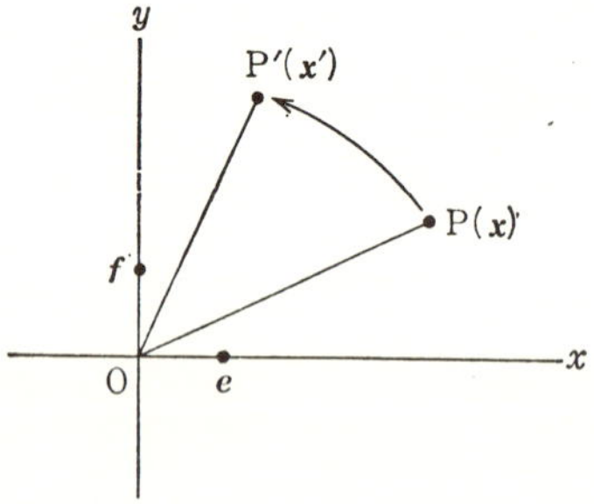

合同変換ならば，任意の点 P に対し $\overline{\mathrm{OP}}=\overline{\mathrm{OP}'}$ であるから，任意の $\boldsymbol{x}$ に対して

$$x^2+y^2=x'^2+y'^2$$

両辺を行列を用いて表すことができる．

$$x^2+y^2=(x\ \ y)\begin{pmatrix}1&0\\0&1\end{pmatrix}\begin{pmatrix}x\\y\end{pmatrix}={}^t\boldsymbol{x}E\boldsymbol{x}$$

右辺も同様であるから

$${}^t\boldsymbol{x}E\boldsymbol{x}={}^t\boldsymbol{x}'E\boldsymbol{x}'$$

これに①を代入して

$${}^t\boldsymbol{x}E\boldsymbol{x}={}^t(A\boldsymbol{x})E(A\boldsymbol{x})$$

$${}^t\boldsymbol{x}E\boldsymbol{x}={}^t\boldsymbol{x}({}^tAA)\boldsymbol{x}$$

これが任意の $\boldsymbol{x}$ について成り立つことから

$${}^tAA=E$$

この式は行列 A が直交行列であることを表している．

直交座標系における点変換 $f(\boldsymbol{x})=A\boldsymbol{x}$ で

合同変換	$\rightleftarrows$	A は直交行列

× ×

直交座標系（O；$\boldsymbol{e},\boldsymbol{f}$）を直交座標系（O；$\boldsymbol{p},\boldsymbol{q}$）にかえる場合にも同様のことがいえるだろうか．

その変換の式を $\boldsymbol{x}=B\boldsymbol{x}'$ とする．任意の点Pをとると，直交座標系であることから $\overline{\mathrm{OP}}$ は，もとの座標では x^2+y^2，新しい座標では $x'^2+y'^2$ と表されるから，等式

$$x^2+y^2=x'^2+y'^2$$

が成り立つ．そこで前と同様のことを試みれば ${}^tBB=E$ が導かれて，B は直交行列であることが明かになる．

直交座標変換 $\boldsymbol{x}=B\boldsymbol{x}'$ において

直交座標系変換	$\rightleftarrows$	A は直交行列

1次変換のうち，それを表す行列が直交行列になるものを**直交変換**という．

6 2次形式の標準化

x，y についての2次の同次式 $ax^2+2hxy+by^2$ を**2次形式**ともいう．これを直交変換

$$\begin{pmatrix}x\\y\end{pmatrix}=T\begin{pmatrix}u\\v\end{pmatrix}$$

によって，$\alpha u^2+\beta v^2$ の形の式，すなわち**標準形**に直すことが，ここの課題である．

× ×

どんな1次変換でもよいというなら話は簡単で，全く初歩的な方法で解決される．

たとえば，$a \neq 0$ のときは

$$
\begin{aligned}
&ax^2+2hxy+by^2 \\
&=a\left(x+\frac{h}{a}y\right)^2+\frac{ab-h^2}{a}y^2
\end{aligned}
$$

と変形し，ここで $x+\frac{h}{a}y=u$，$y=v$ とおくと

$$
au^2+\frac{ab-h^2}{a}v^2
$$

となって目的が果される．いまの置き換えというのは，x，y について解いてみると

$$
\begin{pmatrix} x \\ y \end{pmatrix}=\begin{pmatrix} 1 & -\frac{h}{a} \\ 0 & 1 \end{pmatrix}\begin{pmatrix} u \\ v \end{pmatrix}
$$

となって1次変換である．

ここの目標は，一般の1次変換ではなく，その特殊な場合の直交変換であるところに難しさがある．

×　　　　　×

行列を応用するため，2次形式を行列で表すことから話をはじめよう．

$$
\begin{aligned}
&ax^2+2hxy+by^2 \\
&=x(ax+hy)+y(hx+by) \\
&=(x\ \ y)\begin{pmatrix} ax+hy \\ hx+by \end{pmatrix} \\
&=(x\ \ y)\begin{pmatrix} a & h \\ h & b \end{pmatrix}\begin{pmatrix} x \\ y \end{pmatrix}
\end{aligned}
$$

ここで $\begin{pmatrix} x \\ y \end{pmatrix}=\boldsymbol{x}$，$\begin{pmatrix} a & h \\ h & b \end{pmatrix}=A$ とおくと

$$
{}^t\boldsymbol{x}A\boldsymbol{x} \qquad ①
$$

となって，簡単な表現に姿をかえる．

これに1次変換 $\boldsymbol{x}=T\boldsymbol{u}$ を行ったとすると

$$
{}^t(T\boldsymbol{u})A(T\boldsymbol{u})={}^t\boldsymbol{u}({}^tTAT)\boldsymbol{u} \qquad ②
$$

となる．

この式から T を適当に選ぶことによって ${}^tTAT$ を対角行列 J_3 にかえることが可能ならば②は

$$ {}^t\boldsymbol{u}J_3\boldsymbol{u} = {}^t\boldsymbol{u}\begin{pmatrix}\alpha & 0\\ 0 & \beta\end{pmatrix}\boldsymbol{u} = \alpha u^2 + \beta v^2 $$

となって標準形が得られる．

結局 Jordan 型の行列を導くことに帰着した．しかし，A と J_3 との関係は

$$ {}^tTAT = J_3 $$

であって，相似とは異なる．相似になれば，まえに学んだことが使えるのだが．

相似になるためには ${}^tT$ が T^{-1} に等しくなければならない．ところが，

$$ {}^tT = T^{-1} \quad \text{すなわち} \quad {}^tTT = E $$

をみたす行列というのは直交行列であった．そこで，結局直交行列 T によって，行列 A は対称化が可能かどうかの問に変った．

行列 A はよくみると，一般の行列ではなく，対称行列である．したがって，それに対する固有ベクトル $\boldsymbol{p}$，$\boldsymbol{q}$ も特殊な性質をもち，行列 $T=(\boldsymbol{p}\ \boldsymbol{q})$ が直交行列となるように出来るかもしれない．そんな期待を抱きながら，目標へ歩みよることにしよう．

× ×

対称行列の固有値

$$ A = \begin{pmatrix} a & h\\ h & b\end{pmatrix} $$

この固有方程式は

$$ (a-\lambda)(b-\lambda)-h^2=0 $$

$$ \lambda^2-(a+b)\lambda+ab-h^2=0 $$

判別式を D とすると

$$ D=(a+b)^2-4(ab-h^2) $$

$$ =(a-b)^2+4h^2 \geqq 0 $$

固有値は実数であることがわかった.

（i）　対称行列の固有値は実数である.

重根をもつのは $a=b$, $h=0$ のときに限る. このとき, もとの2次形式は ax^2+by^2 であってそのままが標準形. したがって, 標準形にかえるという立場では除外してよいから, これからは $h \neq 0$ の場合を取り扱うことにする.

×　　　　　　×

対称行列の固有ベクトル

$$A=\begin{pmatrix} a & h \\ h & b \end{pmatrix} \qquad (h \neq 0)$$

この行列は異なる2つの固有値をもつから, それを α, β とすると, これらに対する固有ベクトルは

$$\boldsymbol{p}=\begin{pmatrix} h \\ \alpha-a \end{pmatrix} \qquad \boldsymbol{q}=\begin{pmatrix} h \\ \beta-a \end{pmatrix} \qquad ①$$

である. この内積を計算してみると

$$\begin{aligned} & h^2+(\alpha-a)(\beta-a) \\ &=h^2+\alpha\beta-a(\alpha+\beta)+a^2 \\ &=h^2+ab-h^2-a(a+b)+a^2=0 \end{aligned}$$

これで $\boldsymbol{p}$ と $\boldsymbol{q}$ は直交することがあきらかになった.

（ii）　対称行列の固有ベクトルは直交する.

×　　　　　　×

さらに一歩すすめ, 固有ベクトルの大きさを適当にきめることによって, 直交行列を作りうるかどうかをみよう. 行列 $A=(\boldsymbol{p}\ \boldsymbol{q})$ が直交行列であるためには, $\boldsymbol{p}$, $\boldsymbol{q}$ が直交するほかに, その大きさは1であることが必要. そこで, 固有ベクトルとして, 単位ベクトル

$$\boldsymbol{p}=\begin{pmatrix} hp \\ (\alpha-a)p \end{pmatrix} \qquad \boldsymbol{q}=\begin{pmatrix} hq \\ (\beta-a)q \end{pmatrix}$$

ただし　$\dfrac{1}{p^2}=h^2+(\alpha-a)^2 \qquad \dfrac{1}{q^2}=h^2+(\beta-a)^2$

を選び, これを並べたて行列 T を作ってみる.

$$T=\begin{pmatrix} hp & hq \\ (\alpha-a)p & (\beta-a)q \end{pmatrix}$$

この行列は直交行列になるかどうかをみよう．それには ${}^tTT=E$ となるかどうかをみればよい．

$$ {}^tTT=\begin{pmatrix} hp & (\alpha-a)p \\ hq & (\beta-a)q \end{pmatrix}\begin{pmatrix} hp & hq \\ (\alpha-a)p & (\beta-a)q \end{pmatrix} $$

$$ =\begin{pmatrix} P & Q \\ R & S \end{pmatrix} $$

$$ Q=R=(h^2+(\alpha-a)(\beta-a))pq=0\cdot pq=0 $$

$$ P=(h^2+(\alpha-a)^2)p^2=1 $$

$$ S=(h^2+(\beta-a)^2)q^2=1 $$

これで ${}^tTT=E$ が成り立つこと，すなわち T は直交行列であることがわかった．

× ×

この行列 T を用いれば，A はそれと相似な Jordan 型 J_3 に変えられ，2 次形式の標準化も達成される．すなわち

$$ {}^tTAT=T^{-1}AT=J_3 $$

例 4　2 次形式 $2x^2+2xy+2y^2$ を原点を動かさない合同変換 $\boldsymbol{x}=T\boldsymbol{u}$ によって，標準形にかえよ．

（解）与えられた 2 次形式を行列で表し

$$ {}^t\begin{pmatrix} x \\ y \end{pmatrix}\begin{pmatrix} 2 & 1 \\ 1 & 2 \end{pmatrix}\begin{pmatrix} x \\ y \end{pmatrix} $$

$A=\begin{pmatrix} 2 & 1 \\ 1 & 2 \end{pmatrix}$ の固有方程式は $(\lambda-2)^2-1=0$，これを解いて固有値は $\alpha=3$，$\beta=1$，これらに対応する固有ベクトルは

$$ \begin{pmatrix} 1 \\ 3-2 \end{pmatrix}=\begin{pmatrix} 1 \\ 1 \end{pmatrix},\quad \begin{pmatrix} 1 \\ 1-2 \end{pmatrix}=\begin{pmatrix} 1 \\ -1 \end{pmatrix} $$

単位行列に直して

$$ \frac{1}{\sqrt{2}}\begin{pmatrix} 1 \\ 1 \end{pmatrix},\quad \frac{1}{\sqrt{2}}\begin{pmatrix} 1 \\ -1 \end{pmatrix} $$

$$ \therefore\quad T=\frac{1}{\sqrt{2}}\begin{pmatrix} 1 & 1 \\ 1 & -1 \end{pmatrix},\quad T^{-1}={}^tT=\frac{1}{\sqrt{2}}\begin{pmatrix} 1 & 1 \\ 1 & -1 \end{pmatrix} $$

これを用いると

$$ T^{-1}AT=\begin{pmatrix} 3 & 0 \\ 0 & 1 \end{pmatrix}, $$

$$\therefore\quad {}^t\boldsymbol{x}A\boldsymbol{x}={}^t\boldsymbol{u}(T^{-1}AT)\boldsymbol{u}$$

$$={}^t\boldsymbol{u}\begin{pmatrix}3 & 0\\0 & 1\end{pmatrix}\boldsymbol{u}=3u^2+v^2$$

練　習　問　題

53． 2つの数列 $\{x_n\}$, $\{y_n\}$ の間に次の関係があるとき，一般項 x_n, y_n を求めよ．

(1)　$\begin{cases}x_{n+1}=2y_n\\ y_{n+1}=2x_n\end{cases}$　　$\begin{cases}x_1=1\\ y_1=2\end{cases}$

(2)　$\begin{cases}x_{n+1}=2x_n+3y_n\\ y_{n+1}=x_n+4y_n\end{cases}$　　$\begin{cases}x_1=2\\ y_1=-2\end{cases}$

(3)　$\begin{cases}x_{n+1}=5x_n-y_n\\ y_{n-1}=4x_n+y_n\end{cases}$　　$\begin{cases}x_1=1\\ y_1=1\end{cases}$

54． 数列 $\{x_n\}$ が次の条件をみたすとき，一般項 x_n を求めよ．

$$x_{n+1}=x_n+2x_{n-1},\quad x_1=2,\quad x_2=1$$

55． 数列 $\{x_n\}$ が，次の条件をみたすとき，一般項 x_n を求めよ．

$$x_{n+1}=\frac{5x_n-3}{3x_n-1}\qquad x_1=3$$

56． 座標系 $(\mathrm{O}\,;\boldsymbol{e},\boldsymbol{f})$ 上の任意の点 P の座標を $\boldsymbol{x}=\begin{pmatrix}x\\y\end{pmatrix}$ とし，この上の2つのベクトルを $\boldsymbol{a}=\begin{pmatrix}4\\9\end{pmatrix}$, $\boldsymbol{b}=\begin{pmatrix}-5\\6\end{pmatrix}$ とする．座標系を $(\mathrm{O}\,;\boldsymbol{a},\ \boldsymbol{b})$ に変換したときの P の座標を $\boldsymbol{u}=\begin{pmatrix}u\\v\end{pmatrix}$ とする．$\boldsymbol{x}$ を $\boldsymbol{u}$ で表せ．

57． 2次形式 $4xy-3y^2$ を直交変換 T によって標準形，すなわち $\alpha u^2+\beta v^2$ の形に直せ．

§8

行列の方程式を解く

1　Cayley–Hamilton の定理

係数が実数または複素数の多項式，たとえば $f(\lambda)=p\lambda^2+q\lambda+r$ において，λ に2次の正方行列 A を代入し

$$pA^2+qA+r \qquad ①$$

を作ってみても，行列とスカラーの加減は定義されていないので意味のない式になる．しかし定数 r に2次の単位行列 E を補った式

$$pA^2+qA+rE \qquad ②$$

ならば計算可能で意味をもつ．

それで，これから先，整式①の λ に A を代入した式とは②のことと約束し，それを $f(A)$ で表すことにする．

$$f(\lambda)=p\lambda^2+q\lambda+r$$

$$f(A)=pA^2+qA+\underset{\substack{\uparrow\\ \text{補う}}}{rE}$$

$f(\lambda)$ は中学や高校で親しんで来た普通の多項式である．$f(A)$ は新しく現れたもので，行列についての多項式のうち，特に係数がスカラーのものである．

×　　　　　×

行列についての多項式についても整除ができるだろうか．当然の疑問である．

行列 X についての多項式は，一般には係数も行列のもので

$$AX^2+BX+CE$$

のような式である．行列は乗法について可換的でないために整除ができない．しかし，係数がスカラーの2式 hX^m と kX^n ならば乗法について交換可能で，しかも積は hkX^{m+n} となる．

$$hX^m\cdot kX^n=kX^n\cdot hX^m=hkX^{m+n}$$

したがって係数がスカラーの多項式では整除に似た計算が可能である．

例1　次の $f(X)$ を $g(X)$ で整除したときの商と余りを求めよ．

$$f(X)=3X^3-4X^2+7X+5E$$

$$g(X)=X^2-2X+3E$$

（解） 念のため，実際の計算をあげる．

$$
\begin{array}{r|l}
 & 3X+2E \\
X^2-2X+3E & 3X^3-4X^2+7X+5E \\
 & 3X^3-6X^2+9X \\ \hline
 & \quad 2X^2-2X+5E \\
 & \quad 2X^2-4X+6E \\ \hline
 & \qquad 2X-E
\end{array}
$$

計算から明かに，X についての恒等式

$$f(X)=g(X)(3X+2E)+2X-E$$

が成り立ち，商は $3X+2E$，余りは $2X-E$ であるとみてよい．

この計算は整式についての普通の整除の結果からも導かれるものである．$f(\lambda)$ を $g(\lambda)$ で整除してみると商は $3\lambda+2$，余りは $2\lambda-1$ であって，λ についての恒等式

$$f(\lambda)=g(\lambda)(3\lambda+2)+2\lambda-1$$

が成り立つ．この式の λ に X を代入したものが，先に求めた式である．もちろん，前の約束にしたがい，すべての定数項に単位行列 E を補う．

× ×

もしも，整式 $f(\lambda)$ に行列 A を代入したときの値が零行列 O に等しいならば，$f(\lambda)$ を A の**零化多項式**という．たとえば

$$A=\begin{pmatrix} 0 & -1 \\ -1 & 0 \end{pmatrix}$$

とすると $A^2=E$，したがって $A^2-E=O$ であるから λ^2-1 は A の零化多項式である．

例 2 $f(\lambda)=\lambda^2-5\lambda+10$ は $A=\begin{pmatrix} 2 & -4 \\ 1 & 3 \end{pmatrix}$ の零化多項式であることを示せ．

（解） $f(A)=A^2-5A+10E$

$$=\begin{pmatrix} 2 & -4 \\ 1 & 3 \end{pmatrix}^2-5\begin{pmatrix} 2 & -4 \\ 1 & 3 \end{pmatrix}+10\begin{pmatrix} 1 & 0 \\ 0 & 1 \end{pmatrix}$$

$$=\begin{pmatrix} 0 & -20 \\ 5 & 5 \end{pmatrix}-\begin{pmatrix} 10 & -20 \\ 5 & 15 \end{pmatrix}+\begin{pmatrix} 10 & 0 \\ 0 & 10 \end{pmatrix}$$

$$=\begin{pmatrix} 0-10+10 & -20+20+0 \\ 5-5+0 & 5-15+10 \end{pmatrix}=\begin{pmatrix} 0 & 0 \\ 0 & 0 \end{pmatrix}$$

よって $f(\lambda)$ は A の零化多項式である．

n 次の正方行列には必ず n 次の零化多項式があることを保証するものに，Cayley-Hamilton の定理というのがある．それを2次の正方行列の場合について解説しよう．

すでに知ったように，行列

$$A=\begin{pmatrix} a & c \\ b & d \end{pmatrix}$$

の固有方程式は $|A-\lambda E|=0$ であった．この左辺の多項式

$$|A-\lambda E|=(\lambda-a)(\lambda-d)-bc \qquad ①$$

を行列 A の**固有多項式**という．

➡注　固有方程式，固有多項式のことを**特性方程式**，**特性多項式**ともいう．

A の固有多項式 $f(\lambda)=|A-\lambda E|$ は A の零化多項式である．

これを証明するには，$f(\lambda)$ の λ に A を代入したときの値 $f(A)$ を計算して1つの行列にかえ，それが零行列 O になることを示せばよい．$f(\lambda)$ は整理すると

$$f(\lambda)=\lambda^2-(a+d)\lambda+(ad-bc)$$

となるから，

$$f(A)=A^2-(a+d)A+(ad-bc)E$$

を計算すればよいわけだが，計算を少しばかり楽にするため①に代入する．

$$f(A)=(A-aE)(A-dE)-bcE$$

（aE，dE，bcE の下に：↑追加　↑追加　↑追加）

$$=\begin{pmatrix} 0 & b \\ c & d-a \end{pmatrix}\begin{pmatrix} a-d & b \\ c & 0 \end{pmatrix}-bcE$$

$$=\begin{pmatrix} bc & 0 \\ 0 & bc \end{pmatrix}-bcE$$

$$=bcE-bcE=O$$

×　　　　　　×

この定理の本格的応用は次の項を待つことにし，ここでは行列の多項式の値の簡単な求め方を明かにしよう．

例3　$f(\lambda)=\lambda^4-2\lambda^2-4$ の λ に

$$A=\begin{pmatrix}-3 & -7\\ 2 & 4\end{pmatrix}$$

を代入したときの値を求めよ．

（解）A の零化多項式を利用する。

$$a+d=1,\ ad-bc=2$$

であるから，定理によって

$$A^2-A+2E=0$$

$f(\lambda)$ を $g(\lambda)=\lambda^2-\lambda+2$ で割ると商は $\lambda^2+\lambda+3$，余りは $-5\lambda+2$ であるから

$$f(\lambda)=g(\lambda)(\lambda^2+\lambda+3)-5\lambda+2$$

λ に A を代入すると $g(A)=0$ だから

$$\begin{aligned}f(A)&=-5A+2E\\ &=-5\begin{pmatrix}-3 & -7\\ 2 & 4\end{pmatrix}+2\begin{pmatrix}1 & 0\\ 0 & 1\end{pmatrix}\\ &=\begin{pmatrix}17 & 35\\ -10 & -18\end{pmatrix}\end{aligned}$$

2　最小多項式とは何か

行列 A の零化多項式は無数にある．それらのうち次数の最も低いものを A の**最小多項式**という．ただし最高次の項の係数が1のものを選ぶ．

Cayley-Hamilton の定理によれば，2次の正方行列は，2次の零化多項式を必ずもつのだから，最小多項式の次数は2次か1次に限られる．

×　　　　×

手はじめとして，Jordan 型の行列の最小多項式を求めてみる．

J_1 の最小多項式

$$J_1=\begin{pmatrix}\alpha & 0\\ 0 & \alpha\end{pmatrix}=\alpha\begin{pmatrix}1 & 0\\ 0 & 1\end{pmatrix}=\alpha E$$

$$\therefore\quad J_1-\alpha E=O$$

よって J_1 の最小多項式は1次式 $\lambda-\alpha$ である．

J_2 の最小多項式

$$J_2=\begin{pmatrix}\alpha & 1\\ 0 & \alpha\end{pmatrix}$$

には1次の零化多項式がない．なぜかというに，もし $f(\lambda)=\lambda-k$ が零化多項式であったとすると

$$f(J_2)=J_2-kE=\begin{pmatrix}\alpha-k & 1\\ 0 & \alpha-k\end{pmatrix}=O$$

とならねばならないが，これは不可能であるから．

これで J_2 の最小多項式は2次であることがわかった．J_2 の固有多項式

$$|J_2-\lambda E|=\begin{vmatrix}\alpha-\lambda & 1\\ 0 & \alpha-\lambda\end{vmatrix}=(\lambda-\alpha)^2$$

は J_2 の零化多項式であったから，これは最小多項式でもある．

J_3 の最小多項式

$$J_3=\begin{pmatrix}\alpha & 0\\ 0 & \beta\end{pmatrix},\quad \alpha\neq\beta$$

に1次の零化多項式のないことは，J_2 のときと同様にして確められる．したがって J_3 の最小多項式は固有多項式にほかならない．すなわち

$$|J_3-\lambda E|=\begin{vmatrix}\alpha-\lambda & 0\\ 0 & \beta-\lambda\end{vmatrix}=(\lambda-\alpha)(\lambda-\beta)$$

が J_3 の最小多項式である．

以上の結果を総括し，次へ進む足がかりとしよう．

Jordan 型	最小多項式
$J_1=\begin{pmatrix}\alpha & 0\\ 0 & \alpha\end{pmatrix}$	$f(\lambda)=\lambda-\alpha$（固有多項式でない）
$J_2=\begin{pmatrix}\alpha & 1\\ 0 & \alpha\end{pmatrix}$	$f(\lambda)=(\lambda-\alpha)^2$（固有多項式）
$J_3=\begin{pmatrix}\alpha & 0\\ 0 & \beta\end{pmatrix}$ $\alpha\neq\beta$	$f(\lambda)=(\lambda-\alpha)(\lambda-\beta)$（固有多項式）

× ×

これらの定理の逆が成り立つかどうかは興味をそそる．J_1 のときに逆の成り立つことは簡単に分る．λ に任意の行列 A を代入してみよ．

$$f(A)=A-\alpha E=\begin{pmatrix}a & b\\ c & d\end{pmatrix}-\alpha\begin{pmatrix}1 & 0\\ 0 & 1\end{pmatrix}$$

$$=\begin{pmatrix}a-\alpha & b\\ c & d-\alpha\end{pmatrix}=\begin{pmatrix}0 & 0\\ 0 & 0\end{pmatrix}$$

$$\therefore\quad a=\alpha,\ b=c=0,\ d=\alpha$$

$$\therefore\quad A=J_1$$

J_1 以外に $f(\lambda)=\lambda-\alpha$ を最小多項式にもつ２次の正方行列はない．

J_2，J_3 の場合も同様の方法で検討できるが，それでは余りにも初等的で，行列の持ち味が十分生かされない．

ここで，Jordan 型は，相似によって分けたクラスの代表であることを想起してほしい．代表の最小多項式は，そのクラス全員の最小多項式になるのではないか．この問に答えるには，一般に A，B が相似のとき，それらの零化多項式をくらべてみればよい．

A，B が相似ならば $P^{-1}AP=B$ をみたす正則行列 P が存在する．

B の零化多項式をたとえば

$$f(\lambda)=\lambda^2+h\lambda+k$$

とすると

$$f(B)=B^2+hB+kE=O$$

これに $B=P^{-1}AP$ を代入して

$$f(P^{-1}AP)=(P^{-1}AP)^2+h(P^{-1}AP)+kE$$

$$=P^{-1}A^2P+h(P^{-1}AP)+kP^{-1}EP$$

$$\therefore\quad P^{-1}(A^2+hA+kE)P=O$$

両辺の左から P，右から P^{-1} をかけて

$$A^2+hA+kE=O$$

よって $f(\lambda)$ は A の零化多項式でもある．

上の推論は逆も成り立つから，A の零化多項式は B の零化多項式でもある．

これで A, B の零化多項式は一致することがわかった．

$$A \sim B \rightarrow \left\{\begin{matrix} A\text{の零化多} \\ \text{項式の集合} \end{matrix}\right\} = \left\{\begin{matrix} B\text{の零化多} \\ \text{項式の集合} \end{matrix}\right\}$$

このことから，$A \sim B$ のときは，A と B の最小多項式は一致することもわかる．

$$A \sim B \rightarrow \begin{pmatrix} A\text{の最小} \\ \text{多 項 式} \end{pmatrix} = \begin{pmatrix} B\text{の最小} \\ \text{多 項 式} \end{pmatrix}$$

よって，各クラスに最小多項式が1対1に対応する．

見方をかえれば行列がどのクラスに属するかは最小多項式によって定まる．

最小多項式が $\lambda-\alpha$ になる行列は $\begin{pmatrix} \alpha & 0 \\ 0 & \alpha \end{pmatrix}$ に限る．

最小多項式が $(\lambda-\alpha)^2$ になる行列は $\begin{pmatrix} \alpha & 1 \\ 0 & \alpha \end{pmatrix}$ と相似なもの全体

最小多項式が $(\lambda-\alpha)(\lambda-\beta)$, $\alpha \neq \beta$ となる行列は $\begin{pmatrix} \alpha & 0 \\ 0 & \beta \end{pmatrix}$ と相似なもの全体

× ×

最後に，最小多項式の重要な性質を明かにしなければならない．

ある行列の零化多項式は，その行列の最小多項式で割り切れる．

行列 A の零化多項式の1つを $f(\lambda)$，最小多項式を $g(\lambda)$ とする．$f(\lambda)$ を $g(\lambda)$ で割ったときの商を $q(\lambda)$，余りを $r(\lambda)$ とおくと

$$f(\lambda)=g(\lambda)q(\lambda)+r(\lambda)$$

これに A を代入すれば

$$f(A)=g(A)q(A)+r(A)$$

この式で $f(A)=O$, $g(A)=O$ だから

$$r(A)=O$$

よって $r(\lambda)$ は A の零化多項式か0かである．そこで，もし $r(\lambda)\equiv 0$ でなかったとすると，$g(\lambda)$ よりも次数の低い零化多項式 $r(\lambda)$

が存在することになる．これは $g(\lambda)$ が最小多項式であることに矛盾するから $r(\lambda)\equiv 0$

$$\therefore\quad f(\lambda)=g(\lambda)\cdot q(\lambda)$$

よって，$f(\lambda)$ は $g(\lambda)$ で割り切れる．いいかえれば $g(\lambda)$ は $f(\lambda)$ の約数である．

そこで A の零化多項式が与えられているときは，その1次または2次の約数を求めれば，それらは A の最小多項式である．

たとえば

$$A^3-3A+2E=O$$

ならば，$\lambda^3-3\lambda+2=(\lambda-1)^2(\lambda+2)$ が A の零化多項式で，A の最小多項式は

1次のときは　$\lambda-1$　または　$\lambda+2$

2次のときは　$(\lambda-1)^2$　または　$(\lambda-1)(\lambda+2)$

のいずれかである．

2次の正方行列の固有多項式は零化多項式であったから，最小多項式は固有多項式の約数である．

したがって行列 A の固有多項式がわかっておれば，その1次または2次の約数を求めることによって A の最小多項式が得られる．

3　2次の行列方程式

A を未知の行列とするとき，A についての等式を **行列方程式** という．

$A-2E=O$ は1次，$A^2-5A+6E=O$ は2次の行列方程式である．

1次の行列方程式の一般形は

$$A-\alpha E=O$$

$\lambda-\alpha$ は A の零化多項式で，しかも最小多項式でもあるから，この解は

$$A=\begin{pmatrix}\alpha & 0\\ 0 & \alpha\end{pmatrix}$$

に限る．したがって，解き方の問題になるのは2次以上である．

× ×

導入のつもりで，2次の行列方程式

$$A^2-5A+6E=O$$

を解いてみよう．

左辺は因数分解して

$$(A-2E)(A-3E)=O \qquad ①$$

ここで

$$A-2E=O \text{ or } A-3E=O \qquad ②$$

とやると，同値関係がくずれる．② → ① は正しいが，① → ② は正しくないからである．

行列には零因子があるので

$$PQ=O \rightarrow P=O \text{ or } Q=O$$

は正しくない．

① と ② は同値でないが，② → ① は正しいから，② の解，すなわち

$$A=\begin{pmatrix}2&0\\0&2\end{pmatrix},\ \begin{pmatrix}3&0\\0&3\end{pmatrix}$$

は ① の解である． そこで， これ以外の解を求めればよい．そのような解というのは，

$$(\lambda-2)(\lambda-3)$$

を最小多項式にもつ行列に限るから，それらは

$$J=\begin{pmatrix}2&0\\0&3\end{pmatrix}$$

と相似なもの全体．すなわち P を任意の正則行列とするとき

$P^{-1}JP$ の全体

である．

（答） $\begin{cases}\begin{pmatrix}2&0\\0&2\end{pmatrix},\ \begin{pmatrix}3&0\\0&3\end{pmatrix}\\ P^{-1}\begin{pmatrix}2&0\\0&3\end{pmatrix}P \quad (P\text{は任意の正則行列})\end{cases}$

× ×

このほかに，初等的な解き方として

$$A=\begin{pmatrix}a & b\\ c & d\end{pmatrix}$$

を与えられた方程式に代入し，a，b，c，d を決定する方法が考えられる．

$$\begin{pmatrix}a & b\\ c & d\end{pmatrix}^2-5\begin{pmatrix}a & b\\ c & d\end{pmatrix}+6\begin{pmatrix}1 & 0\\ 0 & 1\end{pmatrix}=O$$

成分ごとの等式に分けて

$$b(a+d-5)=0 \qquad ①$$

$$c(a+d-5)=0 \qquad ②$$

$$bc+a^2-5a+6=0 \qquad ③$$

$$bc+d^2-5d+6=0 \qquad ④$$

$a+d-5=0$ のとき

③から $a(5-a)-bc=6$，これと $5-a=d$ とから

$$ad-bc=6$$

④からも同じ結果が出る．

$a+d-5 \neq 0$ のとき

①，②から $b=c=0$，よって③，④から

$$a=2,\ 3 \quad d=2,\ 3$$

$a+d \neq 5$ をみたすものをとって

$$a=2,\ d=2\ ;\ a=3,\ d=3$$

$$（答）\begin{cases}\begin{pmatrix}2 & 0\\ 0 & 2\end{pmatrix},\ \begin{pmatrix}3 & 0\\ 0 & 3\end{pmatrix}\\ \begin{pmatrix}a & b\\ c & d\end{pmatrix}(a+d=5,\ ad-bc=6)\end{cases}$$

×　　　　　　　　　×

上の例から，一般に 2 次の行列方程式

$$A^2-pA+qE=O$$

の解が予想されよう．

$$\lambda^2-p\lambda+q=0$$

の 2 根を α, β とすると，求める解は，次の 2 つに分けて示される．

$\alpha \neq \beta$ のとき

$$答 \begin{cases} \alpha E,\ \beta E \\ P^{-1}\begin{pmatrix}\alpha & 0 \\ 0 & \beta\end{pmatrix}P,\ (P\text{は任意の正則行列}) \end{cases}$$

あるいは

$$答 \begin{cases} \alpha E,\ \beta E \\ \begin{pmatrix}a & b \\ c & d\end{pmatrix} \quad \begin{pmatrix}a+d=p \\ ad-bc=q\end{pmatrix} \end{cases}$$

$\alpha=\beta$ のとき

$$答 \begin{cases} \alpha E \\ P^{-1}\begin{pmatrix}\alpha & 1 \\ 0 & \alpha\end{pmatrix}P,\ (P\text{は任意の正則行列}) \end{cases}$$

あるいは

$$答 \begin{cases} \alpha E \\ \begin{pmatrix}a & b \\ c & d\end{pmatrix} \quad \begin{pmatrix}a+d=p \\ ad-bc=q\end{pmatrix} \end{cases}$$

2通りの表し方があるが，どちらを選んでも，解の全体は一致する．それを示すには kE の形の行列以外の解の一致を示せば十分である．その証明の前に予備知識を補充しよう．

× ×

以上の解から，行列方程式では，行列

$$A=\begin{pmatrix}a & b \\ c & d\end{pmatrix}$$

において，対角成分の和と行列式とは重要な役目を荷っていることがわかるだろう．

Aの行列式を $\det A$ または $|A|$で表すことはすでに学んだ．

Aの対角成分の和 $a+d$ をAの跡（trace）といい $\mathrm{tr}\,A$ で表す．

この2つについては，次の定理が成り立つ．

$$A\sim B \rightarrow \begin{cases} \det A=\det B \\ \mathrm{tr}\,A=\mathrm{tr}\,B \end{cases}$$

これらを証明するのに成分を用いるのは，初等的ではあるが，腕ズクの感じで感心しない．エレガントな方法として固有多項式の一致を示す道がある．

$A \sim B$ → 固有多項式は一致する．

これを証明しておく

Aの固有多項式：$|A-\lambda E|$　①

Bの固有多項式：$|B-\lambda E|$　②

$A \sim B$ ならば　$P^{-1}AP=B$ をみたす行列 P がある．したがって

$$|B-\lambda E|=|P^{-1}AP-\lambda E|$$

$$=|P^{-1}AP-\lambda P^{-1}EP|=|P^{-1}(A-\lambda E)P|$$

$$=|P^{-1}|\cdot|A-\lambda E|\cdot|P|=|A-\lambda E|$$

よって①と②は一致する．

A，B の固有多項式はそれぞれ

$$\lambda^2-(\mathrm{tr}\,A)\lambda+\det A$$

$$\lambda^2-(\mathrm{tr}\,B)\lambda+\det B$$

これらが一致することから

$$\mathrm{tr}\,A=\mathrm{tr}\,B,\quad \det A=\det B$$

×　　　　×

前の2種の解にもどり，その一致を明かにする．

$Q=P^{-1}\begin{pmatrix}\alpha & 0\\ 0 & \beta\end{pmatrix}P$ とおくと，α，β は固有方程式 $\lambda^2-p\lambda+q=0$ の根だから

$$\mathrm{tr}\,Q=\mathrm{tr}\begin{pmatrix}\alpha & 0\\ 0 & \beta\end{pmatrix}=\alpha+\beta=p$$

$$\det Q=\det\begin{pmatrix}\alpha & 0\\ 0 & \beta\end{pmatrix}=\alpha\beta=q$$

したがって Q の全体と

$$\begin{pmatrix}a & b\\ c & d\end{pmatrix}\ (a+d=p,\ ad-bc=q)$$

の全体とは一致する．

$Q=P^{-1}\begin{pmatrix}\alpha & 1\\ 0 & \alpha\end{pmatrix}P$ の場合の証明も同様である．

4 行列の2項方程式

$A^n=kE$ すなわち $A^n-kE=O$ の形の 方程式を2項方程式と呼ぶことにしよう．

この方程式は $A=\sqrt[n]{k}B$ とおいて

$$B^n=E$$

の形の方程式にかえられるから，$A^n=E$ の形の ものの解き方に帰着する．

× ×

2項方程式のうち，1次のもの

$$A-E=O$$

の解は E 自身であって，問題にならない．

2次のもの

$$A^2-E=O$$

は，一般の2次方程式の解き方から，解は

$$E,\ -E \text{ と } \begin{pmatrix} a & b \\ c & d \end{pmatrix} (a+d=0,\ ad-bc=-1)$$

になることが直ちに出る．

したがって解き方が新しい課題になるのは3次以上である．

× ×

例4 $A^3=E$ をみたす行列 A のうち，成分が実数のものを求めよ．

（解） $\mathrm{tr}\,A$ と $\det A$ の値と A の最小多項式がわかれば，問題は解決される．

$$A^3=E \text{ から } |A^3|=|E| \quad \therefore\ |A|^3=1$$

$|A|$ は実数だから $|A|=1$，よって $\mathrm{tr}\,A=p$ とおくと，A の固有多項式は

$$\lambda^2-p\lambda+1$$

A はこれをみたすから

$$A^2-pA+E=O \qquad ①$$

A^3-E を A^2-pA+E で割って

$$A^3-E=(A^2-pA+E)(A+pE)+(p^2-1)A-(p+1)E$$

これに①と $A^3-E=O$ を用いると

$$(p^2-1)A-(p+1)E=O$$

$$(p+1)((p-1)A-E)=O$$

$$\therefore \quad p=-1 \text{ or } (p-1)A=E$$

$p=-1$ のとき

①から $A^2+A+E=O$

$\lambda^2+\lambda+1=0$ の解は虚数 ω, ω^2 であるから解 $\omega E, \omega^2 E$ は捨てる.

最小多項式が $\lambda^2+\lambda+1$ になる解は

$$\begin{pmatrix} a & b \\ c & d \end{pmatrix} \ (a+d=-1,\ ad-bc=1)$$

$(p-1)A=E$ のとき

$A=\dfrac{E}{p-1}$ を①に代入し，簡単にすれば

$$(p-2)E=O \quad \therefore \ p=2$$

これを $(p-1)A=E$ に代入して $A=E$

$$（答）\ \begin{cases} E \\ \begin{pmatrix} a & b \\ c & d \end{pmatrix} \ (a+d=-1,\ ad-bc=1) \end{cases}$$

（別解） 以上の解は，どちらかといえば初等的なもので，最小多項式の性質が十分生かされていない.

行列の成分が実数ならば，最小零化多項式の係数も実数である. そして最小多項式は零化多項式の約数であった.

A の零化多項式を実係数の範囲で因数分解すると

$$\lambda^3-1=(\lambda-1)(\lambda^2+\lambda+1)$$

最小多項式が1次のとき，それは $\lambda-1$ に限り，このとき

$$A=\begin{pmatrix} 1 & 0 \\ 0 & 1 \end{pmatrix}$$

最小多項式が2次のとき，それは $\lambda^2+\lambda+1$ に限り，そのとき

$$A=\begin{pmatrix} a & b \\ c & d \end{pmatrix} \ (a+d=-1,\ ad-bc=1)$$

実にあっさりと解決された. 定理の偉力のおかげである.

5 巾零行列と巾等行列

A を n 乗すると零行列になるとき，すなわち方程式 $A^n=O$ の解を**巾零行列**という．

$A^n=O$ から $|A^n|=|O|$，$|A|^n=0$ $\therefore$ $|A|=0$

よって $\mathrm{tr}\,A=p$ とおくと，A の固有多項式は

$\lambda^2-p\lambda$

で，これは A の零化多項式でもあるから

$$A^2-pA=O \qquad \therefore \quad A^2=pA \qquad ①$$

これを用いて A^n の次数を下げることができる．

$$A^n=A^{n-2}A^2=A^{n-2}\cdot pA=pA^{n-1} \qquad (n\geqq 2)$$

この操作をくり返すことによって，

$$A^n=p^{n-1}A$$

$A^n=O$ だから $p^{n-1}A=O$

$$\therefore \ p=0 \ \text{or} \ A=O$$

$p=0$ のときは①から $A^2=O$

$A=O$ は $A^2=O$ をみたすから上の場合に含めてよい．

逆に $A^2=O$ ならば，$A^n=A^{n-2}A^2$ から $A^n=O$，よって

> A が2次正方行列のとき
>
> $A^n=O\ (n\geqq 2) \rightleftarrows A^2=O$

したがって，2次正方行列のとき巾零行列を求めるには，方程式 $A^2=O$ を解けばよい．

A の零化多項式は λ^2 であるから，最小多項式は λ か λ^2 である．

λ のとき $A=\begin{pmatrix}0&0\\0&0\end{pmatrix}$

λ^2 のとき $A=\begin{pmatrix}a&b\\c&d\end{pmatrix}$ $(a+d=0,\ ad-bc=0)$

はじめの解は，あとの解に含まれるから，

$$A=\begin{pmatrix}a&b\\c&d\end{pmatrix}\ (a+d=0,\ ad-bc=0)$$

が巾零行列のすべてである．

× ×

行列のうちで $A^2=A$ をみたす行列 A を**巾等行列**という．

$A^2-A=O$ から A の零化多項式は

$$\lambda^2-\lambda=\lambda(\lambda-1)$$

であるから，最小多項式は λ か $\lambda-1$ か $\lambda^2-\lambda$ かのいずれかである．よって A は

$$\begin{pmatrix}1&0\\0&1\end{pmatrix},\ \begin{pmatrix}0&0\\0&0\end{pmatrix} \qquad ①$$

$$\begin{pmatrix}a&b\\c&d\end{pmatrix}\ (a+d=1,\ ad-bc=0) \qquad ②$$

である．

A が巾等行列ならば $A^2=A$ だから A^n は

$$A^{n-2}A^2=A^{n-2}A=A^{n-3}A^2=A^{n-3}A=\cdots\cdots=A$$

$$\therefore\quad A^2=A \longrightarrow A^n=A\ (n\geqq 2)$$

写像 $f(\boldsymbol{x})=A\boldsymbol{x}$ でみると，何回行っても1回行うのと同じということ．

例5　写像 $f(\boldsymbol{x})=A\boldsymbol{x}$，$A=\begin{pmatrix}2&1\\-2&-1\end{pmatrix}$ において，次のことを調べよ．

(1)　平面全体はどんな図形にうつるか．

(2)　この写像を2回行うと，どんな図形にうつるか．

(解)　(1)　$\begin{cases}x'=2x+y\\y'=-2x-y\end{cases}\qquad\therefore\quad y'=-x'$

平面全体は1つの直線 $y'=-x'$ 上にうつる．

(2)　2回目に点 $\boldsymbol{x}'$ が点 $\boldsymbol{x}''$ にうつったとすると

$$\begin{cases}x''=2x'+y'=x'\\y''=-2x'-y'=-x'\end{cases}\qquad\therefore\quad y''=-x''$$

2回行っても，同じこと．

× ×

A を平方してみると

$$A^2=\begin{pmatrix}2&1\\-2&-1\end{pmatrix}\begin{pmatrix}2&1\\-2&-1\end{pmatrix}=\begin{pmatrix}2&1\\-2&-1\end{pmatrix}=A$$

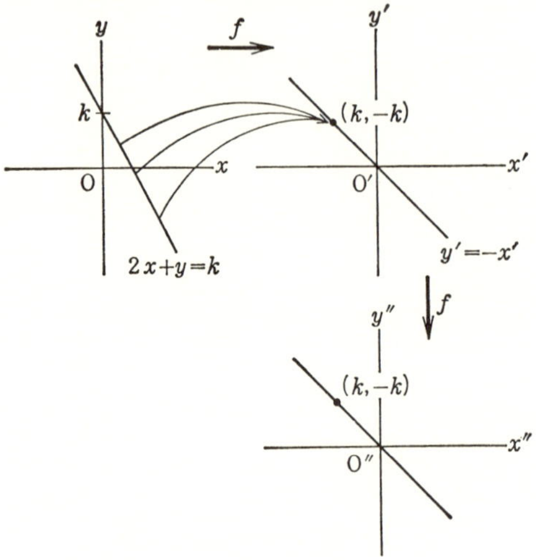

となるから A は巾等行列である．したがって

$$f^2(x)=A^2\boldsymbol{x}=A\boldsymbol{x}=f(\boldsymbol{x})$$

$$\therefore\quad f^2=f$$

一般に，この等式をみたす写像 f を**巾等写像**という．

線型写像のうち巾等になるものの代表は正射影である．平面上でみると，正射影は直線上への正射影だけである．

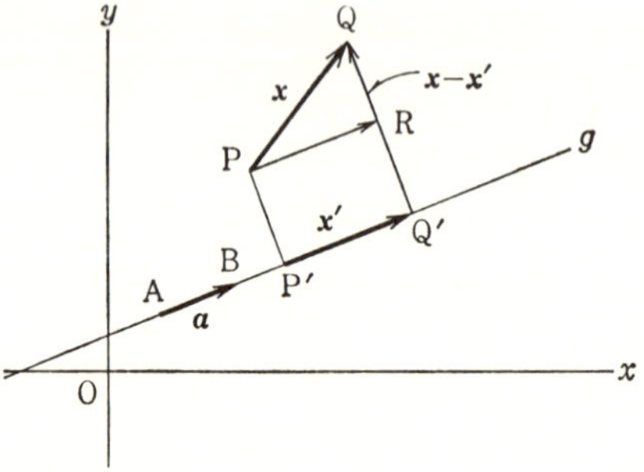

1つの直線を g，任意のベクトルを

$$\boldsymbol{x}=\overrightarrow{\mathrm{PQ}}$$

とし，P，Q から g に下ろした垂線の足をそれぞれ P′，Q′ とする．$\boldsymbol{x}'=\overrightarrow{\mathrm{P'Q'}}$ とおくと $\boldsymbol{x}$ に $\boldsymbol{x}'$ を対応させるのが g 上への**正射影**であ

る．

この正射影 f が巾等写像であることを確かめるはやさしい．

$$\boldsymbol{x} \xrightarrow{f} \boldsymbol{x}' \xrightarrow{f} \boldsymbol{x}' \qquad (f \circ f : \boldsymbol{x} \to \boldsymbol{x}')$$

$\boldsymbol{x}$ の正射影を $\boldsymbol{x}'$ とすると $\boldsymbol{x}'$ の正射影は $\boldsymbol{x}'$ 自身であるから

$$f(\boldsymbol{x})=\boldsymbol{x}',\ f(\boldsymbol{x}')=\boldsymbol{x}'$$

$$\therefore\ f^2(\boldsymbol{x})=f(f(\boldsymbol{x}))=f(\boldsymbol{x}')=\boldsymbol{x}'$$

$$\therefore\ f^2=f$$

このような手際のよい説明では，かえって分からないという人もおるだろう．写像の式を実際に導き，実感としてとらえることにする．

g 上の単位ベクトルの１つを $\boldsymbol{a}=\overrightarrow{\mathrm{AB}}$ とすると，図において $\overrightarrow{\mathrm{RQ}}=\boldsymbol{x}-\boldsymbol{x}'$ は $\overrightarrow{\mathrm{AB}}$ に垂直であるから，

$${}^t\boldsymbol{a}(\boldsymbol{x}-\boldsymbol{x}')=0 \qquad \therefore\ {}^t\boldsymbol{a}\boldsymbol{x}={}^t\boldsymbol{a}\boldsymbol{x}'$$

$\boldsymbol{x}'$ は $\boldsymbol{a}$ に平行だから $\boldsymbol{x}'=k\boldsymbol{a}$，これを上の式に代入すると

$${}^t\boldsymbol{a}\boldsymbol{x}={}^t\boldsymbol{a}(k\boldsymbol{a})=k({}^t\boldsymbol{a}\boldsymbol{a})=k|\boldsymbol{a}|=k$$

成分で表せば

$$k=(a\ \ b)\begin{pmatrix} x \\ y \end{pmatrix}=ax+by$$

$$\therefore\ \begin{pmatrix} x' \\ y' \end{pmatrix}=k\begin{pmatrix} a \\ b \end{pmatrix}=(ax+by)\begin{pmatrix} a \\ b \end{pmatrix}$$

$$=\begin{pmatrix} a^2x+aby \\ abx+b^2y \end{pmatrix}=\begin{pmatrix} a^2 & ab \\ ab & b^2 \end{pmatrix}\begin{pmatrix} x \\ y \end{pmatrix}$$

$$\therefore\ \boldsymbol{x}'=A\boldsymbol{x},\ A=\begin{pmatrix} a^2 & ab \\ ab & b^2 \end{pmatrix}\ (a^2+b^2=1)$$

正射影 f は線型写像であることが明かになった．この写像を表す行列 A は平方してみると A に等しくなるから巾等行列であり，写像 f は巾等写像である．

6　交換可能な行列の一般形

任意の行列 A と乗法について交換可能な行列，すなわち $AX=XA$ をみたす行列 X は kE なる形のものに限る

これを確かめるのはやさしい．

$$\begin{pmatrix} a & b \\ c & d \end{pmatrix}\begin{pmatrix} x & y \\ z & u \end{pmatrix}=\begin{pmatrix} x & y \\ z & u \end{pmatrix}\begin{pmatrix} a & b \\ c & d \end{pmatrix}$$

$$ax+bz=ax+cy \ \rightarrow\ bz=cy$$

$$cx+dz=az+cu \ \rightarrow\ c(x-u)=(a-d)z$$

$$ay+bu=bx+dy \ \rightarrow\ b(x-u)=(a-d)y$$

$$cy+du=bz+du \ \rightarrow\ bz=cy$$

これらが，a，b，c，d のすべての値に対して成り立つためには

$$y=z=0 \quad x=u$$

$$\therefore\ X=\begin{pmatrix} x & 0 \\ 0 & x \end{pmatrix}=xE$$

たしかに

$$AX=A\cdot xE=x(AE)=xEA=XA$$

×　　　　　　　　×

では1つの行列 A を与えられたとき A と乗法について交換可能な行列は何か．これは興味ある課題である．

先の結果は見方をかえれば，A が kE の形の行列のときは，A は任意の行列と交換可能であるということ．したがって，課題として興味あるのは，A が kE の形の行列でないとき，A と交換可能な行列の実体を探ることである．

その前に，予備知識をかね，交換可能についての二三の性質に触れておこう．

> P が正則のとき，A，B の交換可能と，$P^{-1}AP$，$P^{-1}BP$ の交換可能とは同値である．

$P^{-1}AP=A'$，$P^{-1}BP=B'$ とおくと

$$A'B'=(P^{-1}AP)(P^{-1}BP)=P^{-1}ABP$$

同様にして

$$B'A'=P^{-1}BAP$$

この２式をくらべて

$$AB=BA \rightleftarrows A'B'=B'A'$$

これで証明が済んだ.

> $pr\neq 0$ のとき，A，B の交換可能と，$pA+qE$，$rB+sE$ の交換可能とは同値である.

$A'=pA+qE$, $B'=rB+sE$ とおくと

$$A'B'=prAB+psA+qrB+qsE$$

$$B'A'=prBA+psA+qrB+qsE$$

この２式から

$$AB=BA \rightleftarrows prAB=prBA$$

$$\rightleftarrows A'B'=B'A'$$

例6　$AB=A+B$ ならば A と B は乗法に関し交換可能であることを証明せよ

（解）仮定から $AB-A-B+E=E$

$$(A-E)(B-E)=E$$

よって $B-E$ は $A-E$ の逆行列である．ある行列とその逆行列とは乗法に関し交換可能であるから

$$(B-E)(A-E)=E$$

も成り立つ．これを簡単にして $BA=A+B$，これと仮定とから

$$AB=BA$$

×　　　　×

いよいよ課題の核心に迫るときがきた．

A と乗法に関し交換可能な行列といえば，まず $E, A, A^2, A^3, \cdots$ …さらに，これらのスカラー倍．さらに，それらの和

$$lA^3+mA^2+nA+pE \quad ①$$

のような多項式が頭に浮かぶ．

しかし，Kayley–Hamilton の定理によると，Aには2次の零化多項式が必ずあり，それによって①は高々1次の多項式

$$tA+sE \qquad ②$$

にかきかえられる．このことからみて②は，A と交換可能な行列のうち重要なものであることが予想される．

A と交換可能なものとしてさらに思い当たるのに逆行列 A^{-1} がある．実は，これも②の形にかきかえられるのである．A の零化多項式

$$A^2-pA+qE=0 \ (p=\mathrm{tr}\,A,\ q=\det A)$$

を思い出そう．A は正則だから $q\neq 0$，そこで上の式は

$$A\left(\frac{-A+pE}{q}\right)=E$$

とかきかえられる．この式から

$$A^{-1}=\left(-\frac{1}{q}\right)A+\left(\frac{p}{q}\right)E$$

これは，明かに②の形であって，②の重要さを裏づける結果となった．

このような例をみていると，A と交換可能なものは①の形のものに限るのではないかとの疑問が生れ確信にかわって行くだろう．この予想は正しいのである．

> A が kE の形の行列でないとき，A と交換可能な行列は
> $tA+sE$ (t, s は任意のスカラー)
> の形に表される．逆も真である．

$A=\begin{pmatrix} a & b \\ c & d \end{pmatrix}$ とおくと，A が kE の形の行列であるための条件は

$$a=d \text{ and } b=0 \text{ and } c=0$$

であるから，A が kE の形の行列でないための条件は，上の命題の否定

$$a\neq d \text{ or } b\neq 0 \text{ or } c\neq 0 \qquad ①$$

である．

これをうまく使うことが証明の要点になるだろう．①は行列によって

$$A-dE=\begin{pmatrix}a-d & b\\ c & 0\end{pmatrix}\neq O$$

と簡単に表される．したがって，A と交換可能な行列を

$$X=\begin{pmatrix}x & y\\ z & u\end{pmatrix}$$

とおき，$A-dE$ と $X-uE$ との交換可能の条件に同値転換するのがよさそうである．

$$(A-dE)(X-uE)=(X-uE)(A-dE)$$

$a-d=a'$，$x-u=x'$ とおくと

$$\begin{pmatrix}a' & b\\ c & 0\end{pmatrix}\begin{pmatrix}x' & y\\ z & 0\end{pmatrix}=\begin{pmatrix}x' & y\\ z & 0\end{pmatrix}\begin{pmatrix}a' & b\\ c & 0\end{pmatrix}$$

両辺を計算し，成分の等式に分解すれば

$$\begin{cases}bz=cy & ②\\ cx'=a'z & ③\\ bx'=a'y & ④\end{cases}$$

$a'\neq 0$ のとき③，④から

$$z=\frac{cx'}{a'},\quad y=\frac{bx'}{a'}$$

$x'=a't$ とおくと　$y=bt$，$z=ct$

これは②をみたす．

$b\neq 0$ のときも，$c\neq 0$ のときも，同じ結果を得るから②，③，④の解は

$$x'=a't,\ y=bt,\ z=ct$$

$$\begin{pmatrix}x' & y\\ z & 0\end{pmatrix}=t\begin{pmatrix}a' & b\\ c & 0\end{pmatrix}$$

$$\therefore\quad X-uE=t(A-dE)$$

$$X=tA+(u-dt)E$$

$u-dt=s$ とおくと $X=tA+sE$，しかも，t，u は任意のスカラーだから t，s も任意のスカラーになり，証明は終る．

練 習 問 題

58. 次の行列の零化多項式の1つを求めよ．

(1) $\begin{pmatrix} 7 & 1 \\ 3 & -7 \end{pmatrix}$　　(2) $\begin{pmatrix} 3 & 4 \\ 4 & 5 \end{pmatrix}$

59 次の行列 A の固有多項式を求め，λ^6-1 もまた A の零化多項式であることを示せ．

$$A=\begin{pmatrix} 0 & -1 \\ 1 & 1 \end{pmatrix}$$

60. 次の行列の固有多項式を求めよ．次に λ^8-1 は A の零化多項式であることを示せ．

$$A=\begin{pmatrix} 0 & -1 \\ 1 & \sqrt{2} \end{pmatrix}$$

61. 次の行列に関する方程式を解け．

(1) $A^2-A-12E=O$

(2) $A^2-A-E=O$

ただし A は2次の正方行列とする．

62. A が2次の正方行列のとき $A^4=E$ を解け　ただし A の成分は実数とする．

63. A が2次の正方行列で，成分は虚数でもよいとするとき，$A^3=E$ を解け．

64. 行列 $A=\begin{pmatrix} \alpha & 0 \\ 0 & \beta \end{pmatrix}$ $(\alpha \neq \beta)$ と交換可能な行列は $\begin{pmatrix} a & 0 \\ 0 & b \end{pmatrix}$ の形のものであることを明かにせよ．

§9

線型写像を拡張する

1　双線型写像

いままでに取り扱った線型写像 $f(\boldsymbol{x})=A\boldsymbol{x}$ は1つのベクトルの写像である．これを拡張し，2つのベクトルについての写像 $f(\boldsymbol{x},\boldsymbol{y})$ を取扱うのがここの目標である．

たとえば，2つのベクトル $\boldsymbol{x},\boldsymbol{y}$ の内積を $\boldsymbol{x}\cdot\boldsymbol{y}$ で表してみると，a を定数とするとき $a(\boldsymbol{x}\cdot\boldsymbol{y})$ は $(\boldsymbol{x},\boldsymbol{y})$ に1つの実数を対応させる写像であるから $f(\boldsymbol{x},\boldsymbol{y})=a(\boldsymbol{x}\cdot\boldsymbol{y})$ と表してみる．

この関数は $\boldsymbol{y}$ を一定とみると $\boldsymbol{x}$ についての線型写像であるから

(ｉ)　$f(\boldsymbol{x}+\boldsymbol{z},\boldsymbol{y})=f(\boldsymbol{x},\boldsymbol{y})+f(\boldsymbol{z},\boldsymbol{y})$

(ii)　$f(k\boldsymbol{x},\boldsymbol{y})=kf(\boldsymbol{x},\boldsymbol{y})$

が成り立つことを確めるのはたやすい．

また，この関数は $\boldsymbol{x}$ を一定とみると $\boldsymbol{y}$ についての線型写像であるから

(iii)　$f(\boldsymbol{x},\boldsymbol{y}+\boldsymbol{u})=f(\boldsymbol{x},\boldsymbol{y})+f(\boldsymbol{x},\boldsymbol{u})$

(iv)　$f(\boldsymbol{x},k\boldsymbol{y})=kf(\boldsymbol{x},\boldsymbol{y})$

をもみたす．

逆に，これらの条件をみたす写像は，一般にどんな式で表されるだろうか．

(ｉ)～(iv) をみたす写像を **双線型写像** または **2変数線型写像** という．

×　　　　　×

双線型写像 $f(\boldsymbol{x},\boldsymbol{y})$ のうち，$(\boldsymbol{x},\ \boldsymbol{y})$ に実数を対応させるものの正体を探ろう．

いままでは座標を (x,y)，(x,y,z) と表す慣用を尊重し，$\boldsymbol{x}$ の成分を x,y で表して来た．これから先，この方式では混乱が起きるので，$\boldsymbol{x}$ の成分は x_1,x_2；$\boldsymbol{y}$ の成分は y_1,y_2 と表す方式に切りかえる．

$$\boldsymbol{x}=\begin{pmatrix}x_1\\x_2\end{pmatrix},\quad \boldsymbol{y}=\begin{pmatrix}y_1\\y_2\end{pmatrix},\quad \boldsymbol{e}=\begin{pmatrix}1\\0\end{pmatrix},\quad \boldsymbol{f}=\begin{pmatrix}0\\1\end{pmatrix}$$

とおくと $\boldsymbol{x}=x_1\boldsymbol{e}+x_2\boldsymbol{f}$，$\boldsymbol{y}=y_1\boldsymbol{e}+y_2\boldsymbol{f}$ と表されるから

$$f(\boldsymbol{x},\boldsymbol{y})=f(x_1\boldsymbol{e}+x_2\boldsymbol{f},\ y_1\boldsymbol{e}+y_2\boldsymbol{f})$$

この右辺に（i）～（iv）を用いて変形すれば，最後に次の式に達する．

$$f(\boldsymbol{x},\boldsymbol{y})=x_1y_1f(\boldsymbol{e},\boldsymbol{e})+x_1y_2f(\boldsymbol{e},\boldsymbol{f})+x_2y_1f(\boldsymbol{f},\boldsymbol{e})+x_2y_2f(\boldsymbol{f},\boldsymbol{f})$$

この式の $f(\boldsymbol{e},\boldsymbol{e})$，$f(\boldsymbol{e},\boldsymbol{f})$，$f(\boldsymbol{f},\boldsymbol{e})$，$f(\boldsymbol{f},\boldsymbol{f})$ はすべて実数であるから，それぞれ a,b,c,d とおくと

$$f(\boldsymbol{x},\boldsymbol{y})=ax_1y_1+bx_1y_2+cx_2y_1+dx_2y_2$$

これが

$$f:\begin{cases} V_2\times V_2\to \boldsymbol{R} \\ (\boldsymbol{x},\boldsymbol{y})\mapsto r \end{cases}$$

によって定まる双線型写像の一般形である．

×　　　×

上の一般形を行列を用いて表せば

$$\begin{aligned} f(\boldsymbol{x},\boldsymbol{y})&=x_1(ay_1+by_2)+x_2(cy_1+dy_2) \\ &=(x_1\ \ x_2)\begin{pmatrix} ay_1+by_2 \\ cy_1+dy_2 \end{pmatrix} \\ &=(x_1\ \ x_2)\begin{pmatrix} a & b \\ c & d \end{pmatrix}\begin{pmatrix} y_1 \\ y_2 \end{pmatrix} \end{aligned}$$

$$\therefore\quad f(\boldsymbol{x},\boldsymbol{y})={}^t\boldsymbol{x}A\boldsymbol{y},\quad A=\begin{pmatrix} a & b \\ c & d \end{pmatrix}$$

2　対称的と交代的

上で取りあげた双線型写像のうち特殊なものに目をつけよう．実変数関数 $f(x,y)$ は $f(x,y)=f(y,x)$ をみたせば，x,y について対称式になる．また，この関数が $f(x,y)=-f(y,x)$ をみたすならば，x,y についての交代式になった．

同様のことを双線型写像 $f(\boldsymbol{x},\boldsymbol{y})$ にも取り入れ，次のように定義する．

（v）　$f(\boldsymbol{x},\boldsymbol{y})=f(\boldsymbol{y},\boldsymbol{x})$　　これをみたすときは対称的であるという．

(vi) $f(\boldsymbol{x},\boldsymbol{y})=-f(\boldsymbol{y},\boldsymbol{x})$ これをみたすときは**交代的**であるという．

× ×

先に導いた $f(\boldsymbol{x},\boldsymbol{y})$ の式でみると，これが対称的であれば，文字 x,y をいれかえても値はかわらないから

$$ax_1y_1+bx_1y_2+cx_2y_1+dx_2y_2=ay_1x_1+by_1x_2$$
$$+cy_2x_1+dy_2x_2$$
$$(b-c)(x_1y_2-x_2y_2)=0$$

x_1,y_1,x_2,y_2 の値は任意だから

$$b=c$$
$$\therefore\quad f(\boldsymbol{x},\boldsymbol{y})=ax_1y_1+b(x_1y_2+x_2y_1)+dx_2y_2$$
$$f(\boldsymbol{x},\boldsymbol{y})={}^t\boldsymbol{x}A\boldsymbol{y},\quad A=\begin{pmatrix}a & b\\ b & d\end{pmatrix}$$

A は対称行列であることに注意しよう．

× ×

$f(\boldsymbol{x},\boldsymbol{y})$ が交代的であったとすると，文字 x,y をいれかえると，式の値は符号だけかわるから

$$ax_1y_1+bx_1y_2+cx_2y_1+dx_2y_2=-ay_1x_1-by_1x_2$$
$$-cy_2x_1-dx_2y_2$$
$$2ax_1y_1+(b+c)(x_1y_2+x_2y_1)+2dx_2y_2=0$$

x_1,y_1,x_2,y_2 は任意だから

$$a=0,\quad c=-b,\quad d=0$$
$$\therefore\quad f(\boldsymbol{x},\boldsymbol{y})=b(x_1y_2-x_2y_1)$$

行列で表すと

$$f(\boldsymbol{x},\boldsymbol{y})={}^t\boldsymbol{x}A\boldsymbol{y},\quad A=\begin{pmatrix}0 & b\\ -b & 0\end{pmatrix}$$

A は交代行列であることに注目しよう．

この式は行列式を用いて

$$f(\boldsymbol{x},\boldsymbol{y})=b\begin{vmatrix}x_1 & y_1\\ x_2 & y_2\end{vmatrix}$$

と表すこともできる．

とくに $f(\boldsymbol{e},\boldsymbol{f})=1$ のものを考えると

$$b\begin{vmatrix}1 & 0\\ 0 & 1\end{vmatrix}=1 \qquad \therefore \quad b=1$$

$$\therefore \quad f(\boldsymbol{x},\boldsymbol{y})=|(\boldsymbol{x}\ \ \boldsymbol{y})|=\begin{vmatrix}x_1 & y_1\\ x_2 & y_2\end{vmatrix}$$

意外や，行列式が導かれた．

写像 $f:\begin{cases}V_2\times V_2\to \boldsymbol{R}\\ (\boldsymbol{x}\ \ \boldsymbol{y})\mapsto r\end{cases}$ が，交代的双線形写像で，基本ベクトルを $\boldsymbol{e}=\begin{pmatrix}1\\0\end{pmatrix}$，$\boldsymbol{f}=\begin{pmatrix}0\\1\end{pmatrix}$ とするとき $f(\boldsymbol{e},\boldsymbol{f})=1$ をみたすならば

$$f(\boldsymbol{x},\boldsymbol{y})=|(\boldsymbol{x}\ \ \boldsymbol{y})|=\begin{vmatrix}x_1 & y_1\\ x_2 & y_2\end{vmatrix}$$

このように行列式は，ベクトルに関する関数方程式によって定義することもできるのである．

3 面積を行列式で表す

いま導いた行列式は，図形的には何を表すだろうか．この疑問の解明がここの課題である．

一般の平行座標系の場合へ進む準備として直交座標系の場合を先に取りあげる．このほうがやさしいからである．

× ×

2つのベクトル $\boldsymbol{x}=\begin{pmatrix}x_1\\x_2\end{pmatrix}$，$\boldsymbol{y}=\begin{pmatrix}y_1\\y_2\end{pmatrix}$ を座標とする点をそれぞれX,Yとし，矢線OX,OYの作る平行四辺形を作ってみよ．

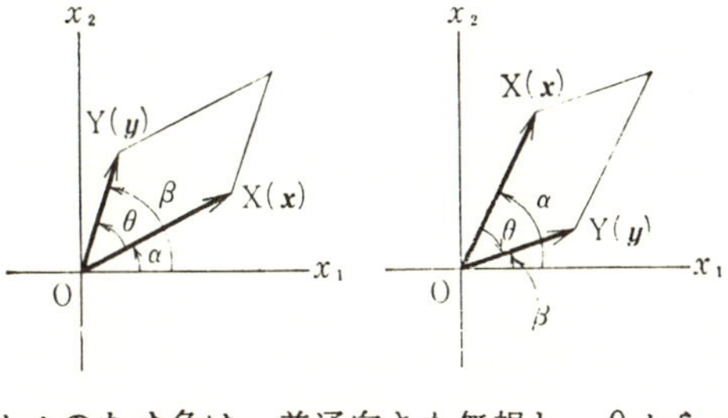

2つベクトルのなす角は，普通向きを無視し，0からπまでの範

囲から選ぶが，平面上のベクトルの場合には向きを定めうるし，また，そのほうが動径の角ともうまく関連がつく．それで，ここでは，2つのベクトル $\boldsymbol{a},\boldsymbol{b}$ のなす角 θ に向きをつけ，

$$-\pi \leqq \theta \leqq \pi$$

の範囲から選ぶことにする．この制限をおけば，ベクトルの組 $(\boldsymbol{a},\boldsymbol{b})$ に対応する θ は $\pi,-\pi$ のときを除いて1つ定まる．

$\overrightarrow{\mathrm{OX}},\overrightarrow{\mathrm{OY}}$ の作る有向角を θ とすると $\theta=\pi,-\pi$ のときを除き $\sin\theta$ の符号は θ の符号と一致する．

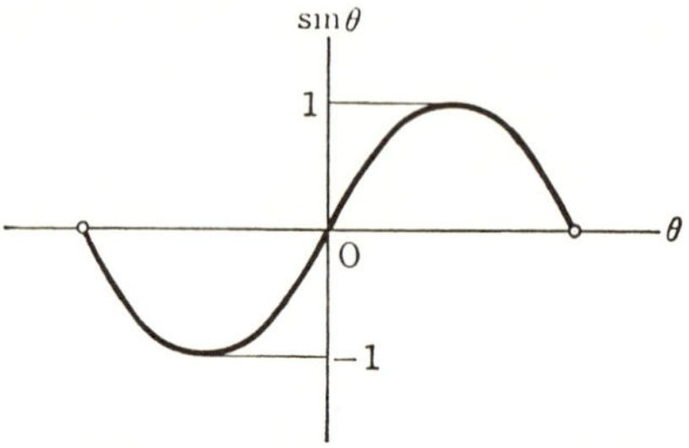

$\overrightarrow{\mathrm{OX}},\overrightarrow{\mathrm{OY}}$ の作る平行四辺形の面積に θ と同じ符号をつけたものを S とすれば

$$S=\overline{\mathrm{OX}}\cdot\overline{\mathrm{OY}}\sin\theta$$

が成り立つ．この S を普通の面積と区別するため**有向面積**と呼ぶことにする．

動径 OX, OY の角をそれぞれ α,β とすると，$\theta=\beta-\alpha$，かつ

$$x_1=\overline{\mathrm{OX}}\cos\alpha,\quad x_2=\overline{\mathrm{OX}}\sin\alpha$$
$$y_1=\overline{\mathrm{OY}}\cos\beta,\quad y_2=\overline{\mathrm{OY}}\sin\beta$$

となるから，

$$S=\overline{\mathrm{OX}}\cdot\overline{\mathrm{OY}}\sin(\beta-\alpha)$$
$$=\overline{\mathrm{OX}}\cdot\overline{\mathrm{OY}}(\sin\beta\cos\alpha-\cos\beta\sin\alpha)$$
$$\therefore\quad S=\begin{vmatrix} x_1 & y_1 \\ x_2 & y_2 \end{vmatrix}$$

2つのベクトル $\boldsymbol{x},\boldsymbol{y}$ をこの順に並べて作った行列 $(\boldsymbol{x}\ \boldsymbol{y})$ を用いるならば

$$S=|(\boldsymbol{x}\ \boldsymbol{y})|$$

× ×

これがあれば，平行座標系のときの面積の公式も出る．直交座標系上の図形Fが，y軸を傾けたとき図形F'にかわったとし，新しい座標系の両軸の交角をφとすると，FとF'の面積の間に次の関係がある．

$$(F'\text{の面積})=(F\text{の面積})\sin\varphi \qquad ①$$

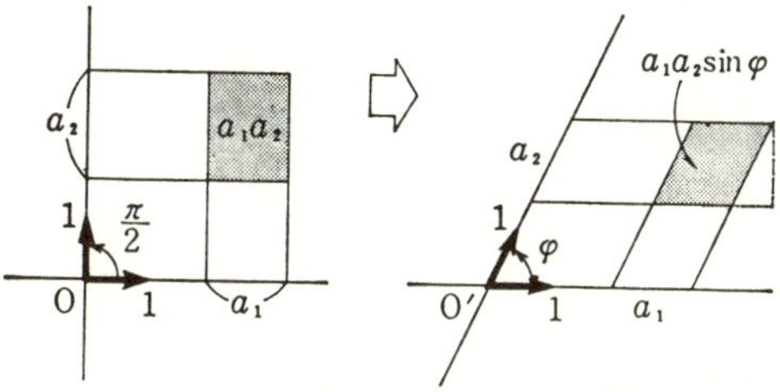

この等式を証明しよう．Fが図のような長方形のときはF'は平行四辺形で，①は自明に近い．Fが一般の場合は，積分によればよいだろう．

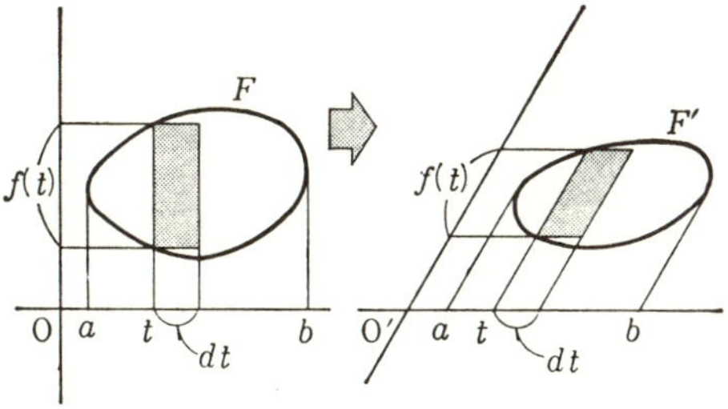

$$F\text{の面積}=\int_a^b f(t)dt$$

$$F'\text{の面積}=\int_a^b f(t)\sin\varphi\cdot dt=\sin\varphi\int_a^b f(t)dt$$

$$\therefore\quad (F'\text{の面積})=(F\text{の面積})\sin\varphi$$

これを2つのベクトルの作る平行四辺形の面積にあてはめて

$$S=\begin{vmatrix} x_1 & y_1 \\ x_2 & y_2 \end{vmatrix}\sin\varphi \qquad ②$$

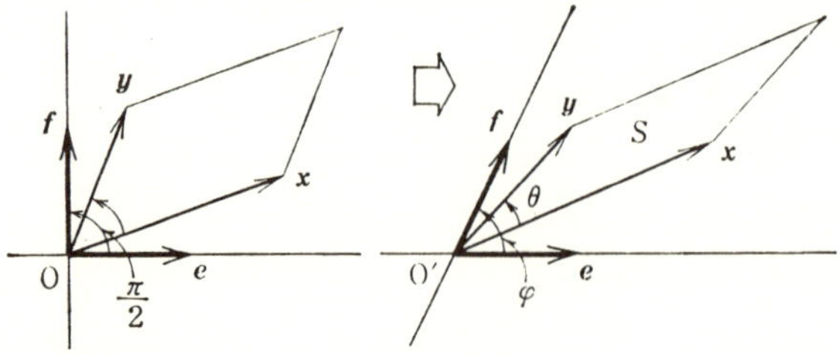

角φの制限 $0<\varphi<\pi$ から $\sin\varphi>0$，よってSと上の行列式とは同符号で，2つのベクトルのなす角θの符号とSの符号は，平行座標系においても一致する

公式②が成り立つときの座標系の$\boldsymbol{e},\boldsymbol{f}$は単位行列であることに注意されたい．

4　写像と平面の裏返し

V_2上における線型写像の行列をAとする，この写像が原点のまわりの回転のときは

$$|A|=\begin{vmatrix}\cos\theta & -\sin\theta\\ \sin\theta & \cos\theta\end{vmatrix}=1>0$$

原点を通る直線に関する対称移動のときは

$$|A|=\begin{vmatrix}\cos 2\theta & \sin 2\theta\\ \sin 2\theta & -\cos 2\theta\end{vmatrix}=-1<0$$

この実例から，$|A|$の符号は線型写像と深い関係のあること，つまり写像によって2つのベクトルのなす角の向きが変わるかどうかは，$|A|$の符号によって定まることが予想されよう．

×　　　　×

一般の線型写像を

$$\boldsymbol{x}'=A\boldsymbol{x}$$

とすると，$\boldsymbol{x}'=A\boldsymbol{x}$，$\boldsymbol{y}'=A\boldsymbol{y}$ から

$$(\boldsymbol{x}'\ \ \boldsymbol{y}')=(A\boldsymbol{x}\ \ A\boldsymbol{y})=A(\boldsymbol{x}\ \ \boldsymbol{y})$$

行列$(\boldsymbol{x}\ \ \boldsymbol{y})$を$D$，行列$(\boldsymbol{x}'\ \ \boldsymbol{y}')$を$D'$で表すと

$$D'=AD$$

$$|D'|=|A|\cdot|D|$$

$$|D'|\sin\varphi=|A|\cdot|D|\sin\varphi$$

$|A|>0$

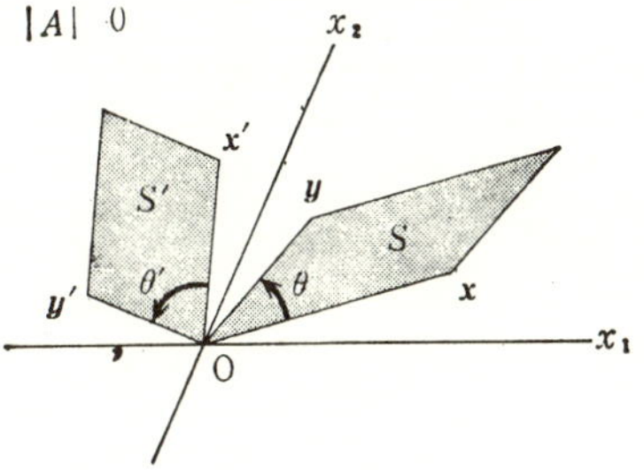

$|A|<0$

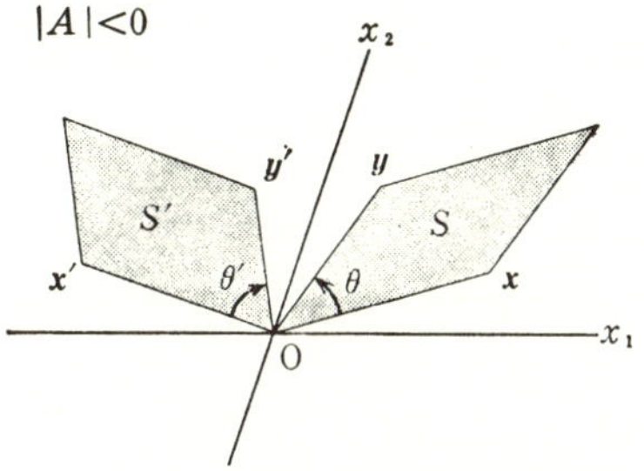

よって，ベクトル $\boldsymbol{x},\boldsymbol{y}$ の作る平行四辺形の面積を S，これらのベクトルの像 $\boldsymbol{x}',\boldsymbol{y}'$ の作る平行四辺形の面積を S' とすると，上の式から

$$S'=|A|S$$

これで疑問は解明された

$|A|>0$ ならば S' は S と同符号．

θ と θ' は同符号．

図形は裏返しにならない

$|A|<0$ ならば S' は S と異符号．

θ と θ' は異符号

図形は裏返しになる．

例 1　次の写像によって，4 点

$$\mathrm{O}\begin{pmatrix}0\\0\end{pmatrix},\ \mathrm{A}\begin{pmatrix}1\\0\end{pmatrix},\ \mathrm{B}\begin{pmatrix}1\\1\end{pmatrix},\ \mathrm{C}\begin{pmatrix}0\\1\end{pmatrix}$$

を頂点とする四角形はどんな図形にうつるか．そのうつり方を写像

の行列の行列式の符号とくらべよ．

(1)　$x'=\begin{pmatrix}-1 & -2\\ 2 & -1\end{pmatrix}x$　　(2)　$x'=\begin{pmatrix}-2 & -2\\ -2 & 1\end{pmatrix}x$

（解）　O は動かないから，A,B,C のうつる点をそれぞれ A′,B′, C′ とする．

(1)　$O\begin{pmatrix}0\\0\end{pmatrix}$，$A'\begin{pmatrix}-1\\2\end{pmatrix}$，$B'\begin{pmatrix}-3\\1\end{pmatrix}$，$C'\begin{pmatrix}-2\\-1\end{pmatrix}$

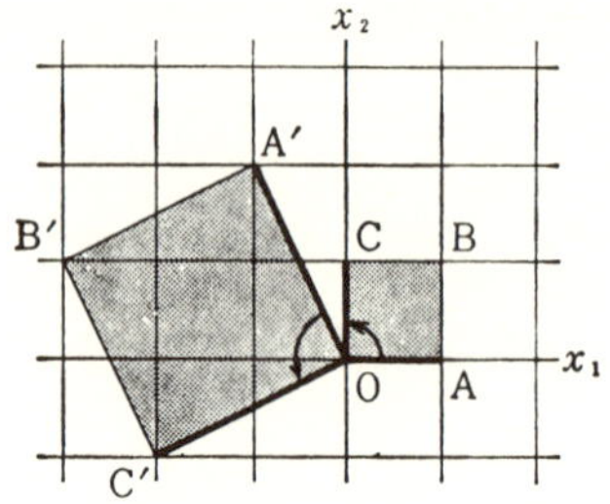

裏返しにならない．そして

$$|A|=\begin{vmatrix}-1 & -2\\ 2 & -1\end{vmatrix}=5>0$$

(2)　$O\begin{pmatrix}0\\0\end{pmatrix}$，$A'\begin{pmatrix}-2\\-2\end{pmatrix}$，$B'\begin{pmatrix}-4\\-1\end{pmatrix}$，$C'\begin{pmatrix}-2\\1\end{pmatrix}$

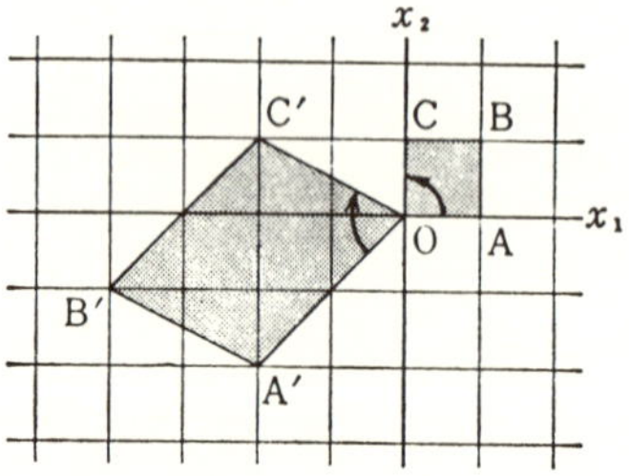

裏返しになる．そして

$$|A|=\begin{vmatrix}-2 & -2\\ -2 & 1\end{vmatrix}=-6<0$$

5　図形の向きと行列

座標系 (O；$\boldsymbol{e},\boldsymbol{f}$) において，$\boldsymbol{e},\boldsymbol{f}$ は単位ベクトルで，その交角は φ とする．この平面上に2点 X($\boldsymbol{x}$)，Y($\boldsymbol{y}$) をとり，$\overrightarrow{OX},\overrightarrow{OY}$ の作る三角形の有向面積を S とすると

$$S=\frac{1}{2}|D|\sin\varphi,\quad D=(\boldsymbol{x}\ \ \boldsymbol{y})=\begin{pmatrix} x_1 & y_1 \\ x_2 & y_2 \end{pmatrix}$$

$\overrightarrow{OX},\overrightarrow{OY}$ の有向角を θ とする．$\varphi>0$ の場合とすると，θ と S は同符号で，上の式から S と $|D|$ は同符号だから，θ と $|D|$ は同符号．したがって θ の符号は $|D|$ の符号でみることができる．

$$|D|>0 \rightleftarrows \theta>0 \qquad\qquad |D|<0 \rightleftarrows \theta<0$$

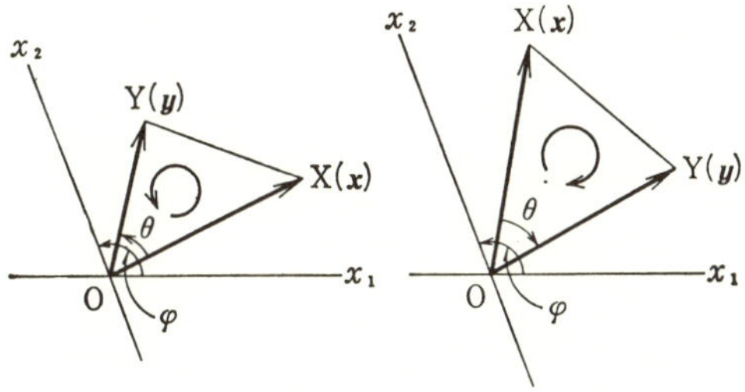

△OXY の周上を，O→X→Y の順に回ったとすると，θ が正のときは △OXY の内部がつねに左側にあり，θ が負のときは右側にある．

それで一般に，△XYZ の周上を X→Y→Z の順に回ったとき，△XYZ の内部が左側にあるならば，△XYZ の **向きは正** であるといい，右側にあるならば △XYZ の**向きは負**であるということにする．

この定義から明かに，△XYZ の向きは，頂点 X,Y,Z をサイクリックにいれかえても変わらない．すなわち △XYZ，△YZX，△ZXY の向きは等しい．

しかし，2つの頂点，たとえばXとYをいれかえた △YXZ の向きは △XYZ の向きと反対である．

×　　　　　　×

このように定めた三角形の向きは，その面積とはどんな関係があるだろうか．

$\triangle$XYZ の向きは，矢線 $\overrightarrow{\mathrm{XY}},\overrightarrow{\mathrm{XZ}}$ のなす角の向きと等しい．また $\overrightarrow{\mathrm{YZ}},\overrightarrow{\mathrm{YX}}$ のなす角の向き，$\overrightarrow{\mathrm{ZX}},\overrightarrow{\mathrm{ZY}}$ のなす角の向きとも等しい．

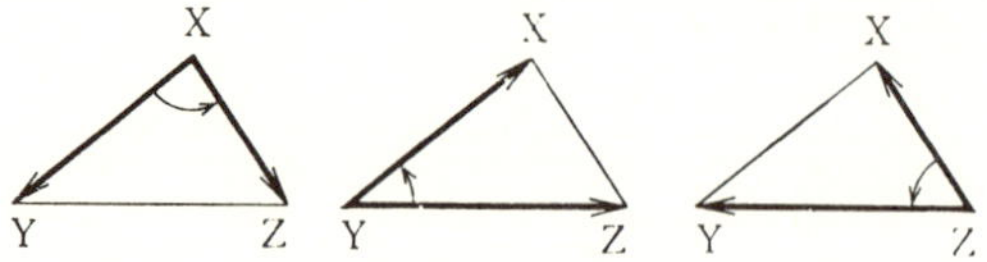

この事実に着目すれば $\triangle$XYZ の有向面積は求められる．

X,Y,Z の座標をそれぞれ $\boldsymbol{x},\boldsymbol{y},\boldsymbol{z}$ とすると

$$\overrightarrow{\mathrm{XY}}=\boldsymbol{y}-\boldsymbol{x},\quad \overrightarrow{\mathrm{XZ}}=\boldsymbol{z}-\boldsymbol{x}$$

$\triangle$XYZ は，上の矢線の組の作る三角形であるから

$$D'=(\boldsymbol{y}-\boldsymbol{x},\ \boldsymbol{z}-\boldsymbol{x})=\begin{pmatrix} y_1-x_1 & z_1-x_1 \\ y_2-x_2 & z_2-x_2 \end{pmatrix}$$

とおくと

$$\triangle\mathrm{XYZ}\ \text{の面積}=\frac{1}{2}|D'|\sin\varphi \qquad ①$$

この式から，$\varphi>0$ のときには，$\triangle$XYZ の向きは $|D'|$ の符号と一致することがわかる．

× ×

$|D'|$ をかきかえ，形を整えてみる．行列式の性質によって

$$|D'|=\begin{vmatrix} y_1-x_1 & z_1 \\ y_2-x_2 & z_2 \end{vmatrix}-\begin{vmatrix} y_1-x_1 & x_1 \\ y_2-x_2 & x_2 \end{vmatrix}$$

$$=\begin{vmatrix} y_1 & z_1 \\ y_2 & z_2 \end{vmatrix}-\begin{vmatrix} x_1 & z_1 \\ x_2 & z_2 \end{vmatrix}-\begin{vmatrix} y_1 & x_1 \\ y_2 & x_2 \end{vmatrix}$$

$$=\begin{vmatrix} y_1 & z_1 \\ y_2 & z_2 \end{vmatrix}+\begin{vmatrix} z_1 & x_1 \\ z_2 & x_2 \end{vmatrix}+\begin{vmatrix} x_1 & y_1 \\ x_2 & y_2 \end{vmatrix}$$

これと ① とから，$\triangle$XYZ の面積は $\triangle$OYZ，$\triangle$OZX，$\triangle$OXY の面積の和であることがわかる．

$\triangle$XYZ の有向面積を慣用に従って $\triangle$XYZ で表すならば

$$\triangle\mathrm{XYZ}=\triangle\mathrm{OYZ}+\triangle\mathrm{OZX}+\triangle\mathrm{OXY} \qquad ②$$

この式の内容を具体的につかみたいのであったら図にもどってみればよい.

O が △XYZ の中にあるときが最も簡単である.

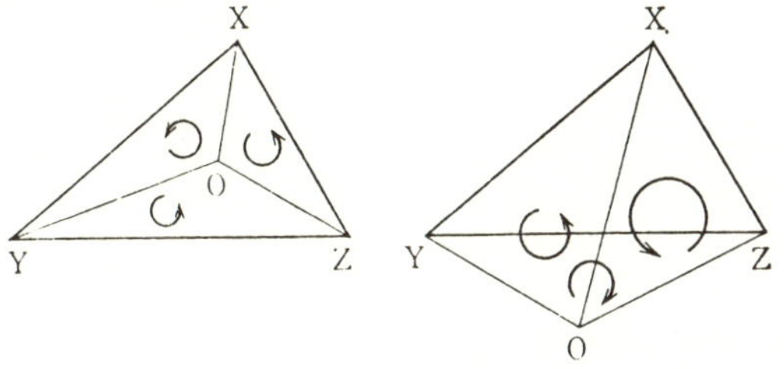

△XYZ の向きが正のときは，△OYZ，△OZX，△OXY の向きもすべて正で，先の等式は明らかに成り立つ.

O が △XYZ の外で，∠YXZ 内にあったとすると，△OZY，△OZX，△OXY の向きが正だから

$$\triangle XYZ = \triangle OZX + \triangle OXY - \triangle OZY$$

ところが △OYZ＝−△OZY だから

$$\triangle XYZ = \triangle OZX + \triangle OXY + \triangle OYZ$$

右辺の項の順序をかえれば ② と同じもの.

このように面積は符号をつけると，分解や合成が単純化される. ② の等式で O は原点であるが，一般には任意の点 P としても成り立つのである.

$$\triangle XYZ = \triangle PYZ + \triangle PZX + \triangle PXY$$

この式は，右辺を次のようにかきかえても同じこと.

$$\triangle XYZ = \triangle PYZ + \triangle XPZ + \triangle XYP$$

右辺は △XYZ の X, Y, Z をそれぞれ P で置きかえた式である.

6 内積の一般化

ベクトルの内積を一般化するには内積のみたす基本性質をあげ，逆に，それらの基本性質をみたすものは，一般にどんなものに限るかを明らかにすればよい. この方法は概念の拡

張，一般化にあたって，数学が絶えず試みるもので，まさしく数学的方法と呼ぶにふさわしいものである．

2つのベクトル $\boldsymbol{x},\boldsymbol{y}$ の内積を $\boldsymbol{x}\cdot\boldsymbol{y}$ で表してみると，これには次の性質がある．

（i）分配律

$$(\boldsymbol{x}+\boldsymbol{z})\cdot\boldsymbol{y}=\boldsymbol{x}\cdot\boldsymbol{y}+\boldsymbol{z}\cdot\boldsymbol{y}$$

$$\boldsymbol{x}\cdot(\boldsymbol{y}+\boldsymbol{u})=\boldsymbol{x}\cdot\boldsymbol{y}+\boldsymbol{x}\cdot\boldsymbol{u}$$

（ii）実数倍

$$(k\boldsymbol{x})\cdot\boldsymbol{y}=\boldsymbol{x}\cdot(k\boldsymbol{y})=k(\boldsymbol{x}\cdot\boldsymbol{y})$$

（iii）可換律　　$\boldsymbol{x}\cdot\boldsymbol{y}=\boldsymbol{y}\cdot\boldsymbol{x}$

（iv）正値条件

$$\boldsymbol{x}\cdot\boldsymbol{x}\geqq 0$$

$$\boldsymbol{x}\cdot\boldsymbol{x}=0 \rightleftarrows \boldsymbol{x}=\boldsymbol{0}$$

×　　　　　×

内積 $\boldsymbol{x}\cdot\boldsymbol{y}$ は $(\boldsymbol{x},\boldsymbol{y})$ に実数を対応させる写像であるから $f(\boldsymbol{x},\boldsymbol{y})$ で表す．上の基本性質を f を用いて書きかえてみよ．

（i），（ii）は f が双線型写像の条件，（iii）はさらに対称的である条件だから，f は次の形の式で与えられることを先に知った．

$$f(\boldsymbol{x},\boldsymbol{y})=ax_1y_1+h(x_1y_2+x_2y_1)+bx_2y_2$$

$f(\boldsymbol{x},\boldsymbol{y})$ が内積の資格をもつためには，さらに（iv），すなわち

$$\begin{cases} f(\boldsymbol{x},\boldsymbol{x})\geqq 0 \\ \text{等号は } \boldsymbol{x}=\boldsymbol{0} \text{ のときに限って成立.} \end{cases}$$

をみたさなければならない．

上の式から

$$f(\boldsymbol{x},\boldsymbol{x})=ax_1^2+2hx_1x_2+bx_2^2$$

この式は x_1,x_2 についての2次の同次式であるから，非負の値をとるための条件は，初等的方法でも求められる．高校では，平方式を作る方法がよく用いられる．

$a\neq 0$ のとき

$$f(\boldsymbol{x},\boldsymbol{x})=a\left(x_1+\frac{h}{a}x_2\right)^2+\frac{ab-h^2}{a}x_2{}^2$$

これが $\boldsymbol{x}=\boldsymbol{0}$ すなわち $x_1=x_2=0$ のときに限ってゼロで，その他のときは正であるための条件は

$$a>0 \quad ab-h^2>0$$

$b\neq 0$ のときは同様にして

$$b>0 \quad ab-h^2>0$$

これらの2つの場合を合せて

$$\begin{cases} a>0 \text{ or } b>0 \\ ab-h^2>0 \end{cases}$$

これは $a+b>0$, $ab-h^2>0$ と同値であるから，次の条件をとっても同じこと．

$f(\boldsymbol{x},\boldsymbol{x})=ax_1{}^2+2hx_1x_2+bx_2{}^2$ が $\boldsymbol{x}=\boldsymbol{0}$ のときを除いては正の値をとるための条件は

$$a+b>0,\ ab-h^2>0$$

× ×

われわれは，すでに2次形式を標準形に直すことを知っているから，もっとスマートな解法が可能である．

$$f(\boldsymbol{x},\boldsymbol{x})={}^t\boldsymbol{x}A\boldsymbol{x},\quad A=\begin{pmatrix} a & h \\ h & b \end{pmatrix}$$

A の固有方程式

$$|A-\lambda E|=\lambda^2-(a+b)\lambda+ab-h^2=0$$

の根は実数で，それを α,β とすると，先の2次形式は

$$\alpha u_1{}^2+\beta u_2{}^2 \qquad ①$$

の形にかきかえられることを，さきに学んだ．ただし，$\boldsymbol{x}$ と $\boldsymbol{u}$ の間には

$$\boldsymbol{x}=T\boldsymbol{u} \quad (T\text{ は直交行列})$$

の関係があるから

$$\boldsymbol{x}=\boldsymbol{0} \rightleftarrows \boldsymbol{u}=\boldsymbol{0}$$

よって $f(\boldsymbol{x},\boldsymbol{x})$ が $\boldsymbol{x}\neq\boldsymbol{0}$ のとき正の値をとることは，$\boldsymbol{u}\neq\boldsymbol{0}$ の

とき ① が正の値をとることと同値．その条件は ① によると

$$\alpha>0,\ \beta>0$$

これは

$$\alpha+\beta>0,\ \alpha\beta>0$$

と同値．よって固有方程式から

$$a+b>0,\ ab-h^2>0$$

× ×

以上によって

$$f(\boldsymbol{x},\boldsymbol{y})=ax_1y_1+h(x_1y_2+x_2y_1)+bx_2y_2$$

は，係数が

$$a+b>0,\ ab-h^2>0 \qquad ②$$

をみたすならば，内積の条件をみたし，ふつうの内積の代りに用いられることがわかる．

➡**注** 条件 ② は次の条件 ③ と同値である．

$$a>0,\ ab-h^2>0 \qquad ③$$

② が成り立てば $a+b>0$，$ab>h^2\geqq 0$ から $a>0$，$b>0$ よって ③ は成り立つ．逆に ③ が成り立てば $ab>h^2\geqq 0$ と $a>0$ とから $b>0$ $\therefore$ $a+b>0$ となって ② が成り立つ．条件を ② のように書きかえておくと一般化に向くのである．

× ×

上の式で定義される内積を $\boldsymbol{x}\cdot\boldsymbol{y}$ と表そう．

$$\boldsymbol{x}\cdot\boldsymbol{y}=ax_1y_1+h(x_1y_2+x_2y_1)+bx_2y_2$$

そして $\sqrt{\boldsymbol{x}\cdot\boldsymbol{x}}$ を $\boldsymbol{x}$ の**大きさ**といい $|\boldsymbol{x}|$ で表す．すなわち

$$|\boldsymbol{x}|=\sqrt{\boldsymbol{x}\cdot\boldsymbol{x}}=\sqrt{a{x_1}^2+2hx_1x_2+b{x_2}^2}$$

そうすれば，Cauchy の不等式

$$|\boldsymbol{x}\cdot\boldsymbol{y}|\leqq|\boldsymbol{x}|\cdot|\boldsymbol{y}|$$

が成り立つ．

この証明は，ふつうの内積の場合の証明と少しも変らない．

$$(\boldsymbol{x}t-\boldsymbol{y})\cdot(\boldsymbol{x}t-\boldsymbol{y})\geqq 0$$

$$(\boldsymbol{x}\cdot\boldsymbol{x})t^2-2(\boldsymbol{x}\cdot\boldsymbol{y})t+\boldsymbol{y}\cdot\boldsymbol{y}\geqq 0$$

これが任意の実数 t について成り立つことから

$$(\boldsymbol{x}\cdot\boldsymbol{y})^2-(\boldsymbol{x}\cdot\boldsymbol{x})(\boldsymbol{y}\cdot\boldsymbol{y})\leqq 0$$

$$\therefore\quad |\boldsymbol{x}\cdot\boldsymbol{y}|\leqq|\boldsymbol{x}|\cdot|\boldsymbol{y}|$$

練 習 問 題

65. 双線型写像は $f(\boldsymbol{x},\boldsymbol{y})={}^t\boldsymbol{x}A\boldsymbol{y}$ によって表された．これをそのまま用いて，次のことを証明せよ．

(1) f が対称的 $\rightleftarrows$ A は対称行列

(2) f が交代的 $\rightleftarrows$ A は交代行列

66. O を原点とする直交座標系において，A, B が次の点のとき △OAB の有向面積を求めよ．

(1) $\mathrm{A}\begin{pmatrix}7\\3\end{pmatrix}$, $\mathrm{B}\begin{pmatrix}-6\\2\end{pmatrix}$　(2) $\mathrm{A}\begin{pmatrix}-3\\-5\end{pmatrix}$, $\mathrm{B}\begin{pmatrix}-9\\4\end{pmatrix}$

67. 直交座標系において，次の 3 点を頂点とする △ABC の有効面積を求めよ．

(1) $\mathrm{A}\begin{pmatrix}8\\3\end{pmatrix}$, $\mathrm{B}\begin{pmatrix}-5\\4\end{pmatrix}$, $\mathrm{C}\begin{pmatrix}1\\-7\end{pmatrix}$

(2) $\mathrm{A}\begin{pmatrix}-1\\-3\end{pmatrix}$, $\mathrm{B}\begin{pmatrix}-5\\-2\end{pmatrix}$, $\mathrm{C}\begin{pmatrix}4\\4\end{pmatrix}$

68. 4 点 X, Y, Z, P について，次の等式が成り立つことを，これらの点の座標を用いて証明せよ．

$$\triangle\mathrm{XYZ}=\triangle\mathrm{PYZ}+\triangle\mathrm{XPZ}+\triangle\mathrm{XYP}$$

69. $\boldsymbol{x}=\begin{pmatrix}x_1\\x_2\end{pmatrix}$, $\boldsymbol{y}=\begin{pmatrix}y_1\\y_2\end{pmatrix}$ のとき，2 次形式

$$f(\boldsymbol{x},\boldsymbol{y})=2x_1y_1+x_1y_2+x_2y_1+2x_2y_2$$

は内積の条件をみたすことを示せ．

この内積に関するコーシーの不等式を，成分 x_1, x_2, y_1, y_2 を用いて表せ．

70. 次の写像のうち，平面全体が裏返しになるのはどれか．

$$f_1(\boldsymbol{x})=\begin{pmatrix}-6 & 1\\ 3 & -2\end{pmatrix}\boldsymbol{x} \qquad f_2(\boldsymbol{x})=\begin{pmatrix}1 & -1\\ 2 & 3\end{pmatrix}\boldsymbol{x}$$

$$f_3(\boldsymbol{x})=\begin{pmatrix}2 & 4\\ 7 & 3\end{pmatrix}\boldsymbol{x} \qquad f_4(\boldsymbol{x})=\begin{pmatrix}2 & 0\\ -5 & 1\end{pmatrix}\boldsymbol{x}$$

71. 2つの写像 $f(\boldsymbol{x})=A\boldsymbol{x}$, $g(\boldsymbol{x})=B\boldsymbol{x}$ において A と B が相似なときは，f と g はともに平面を裏返しにするか，またはともに平面を裏返しにしない．これを証明せよ．

72. J を Jordan 型の行列とするとき，写像 $f(\boldsymbol{x})=J\boldsymbol{x}$ のうち，平面を裏返しにするのはどれか．

練習問題解答

1. (1) $\begin{pmatrix} 15 & -3 \\ -9 & 16 \end{pmatrix}$ (2) $\begin{pmatrix} 5 & -4 \\ 11 & -5 \end{pmatrix}$

2. $X=\begin{pmatrix} x & y \\ z & u \end{pmatrix}$ とおいて x, y, z, u の値を求めるか，または各方程式を X について解く．

(1) $X=O$ (2) $X=-A$ (3) $X=B-A$

3. $A=\begin{pmatrix} a & b \\ c & d \end{pmatrix}$，$B=\begin{pmatrix} p & q \\ r & s \end{pmatrix}$ とおき，両辺を成分を用いて表わせ．

(1) $(h+k)\begin{pmatrix} a & b \\ c & d \end{pmatrix}=\begin{pmatrix} (h+k)a & (h+k)b \\ (h+k)c & (h+k)d \end{pmatrix}=\begin{pmatrix} ha+ka & hb+kb \\ hc+kc & hd+kd \end{pmatrix}=\begin{pmatrix} ha & hb \\ hc & hd \end{pmatrix}+\begin{pmatrix} ka & kb \\ kc & kd \end{pmatrix}$

$=h\begin{pmatrix} a & b \\ c & d \end{pmatrix}+k\begin{pmatrix} a & b \\ c & d \end{pmatrix}$

(2) $k\left\{\begin{pmatrix} a & b \\ c & d \end{pmatrix}+\begin{pmatrix} p & q \\ r & s \end{pmatrix}\right\}=k\begin{pmatrix} a+p & b+q \\ c+r & d+s \end{pmatrix}=\begin{pmatrix} k(a+p) & k(b+q) \\ k(c+r) & k(d+s) \end{pmatrix}=\begin{pmatrix} ka+kp & kb+kq \\ kc+kr & kd+ks \end{pmatrix}$

$=\begin{pmatrix} ka & kb \\ kc & kd \end{pmatrix}+\begin{pmatrix} kp & kq \\ kr & ks \end{pmatrix}=k\begin{pmatrix} a & b \\ c & d \end{pmatrix}+k\begin{pmatrix} p & q \\ r & s \end{pmatrix}$

(3) $(h-k)A+kA=(h-k+k)A=hA$

kA を移項して $(h-k)A=hA-kA$

(4) $k(A-B)+kB=k(A-B+B)=kA$

kB を移項して $k(A-B)=kA-kB$

(5) $A=\begin{pmatrix} a & b \\ c & d \end{pmatrix}$ とおくと $kA=O$ から

$\begin{pmatrix} ka & kb \\ kc & kd \end{pmatrix}=\begin{pmatrix} 0 & 0 \\ 0 & 0 \end{pmatrix}$ $\therefore \begin{cases} ka=0, & kb=0 \\ kc=0, & kd=0 \end{cases}$

$A\neq O$ だから，a, b, c, d の中には0でないものが少くとも1つはある．たとえば $a\neq 0$ とすると $ka=0$ から $k=0$

(6) $k(A-B)=O$ とかきかえて，(1) を用いる．

4. **R**-加群をなす．和,差,実数倍もまた同じ形の行列になることをいえばよい．

5. $ax+bz=a$，$ay+bu=b$，$cx+dz=c$，$cy+du=d$

かきかえて $a(x-1)+bz=0$，$ay+b(u-1)=0$，$c(x-1)+dz=0$，$cy+d(u-1)=0$

これらが a, b, c, d についての恒等式になることから $x=1$，$y=0$，$z=0$，$u=1$

6. $A=\begin{pmatrix} a & 0 \\ 0 & 0 \end{pmatrix}+\begin{pmatrix} 0 & b \\ 0 & 0 \end{pmatrix}+\begin{pmatrix} 0 & 0 \\ c & 0 \end{pmatrix}+\begin{pmatrix} 0 & 0 \\ 0 & d \end{pmatrix}=a\begin{pmatrix} 1 & 0 \\ 0 & 0 \end{pmatrix}+b\begin{pmatrix} 0 & 1 \\ 0 & 0 \end{pmatrix}+c\begin{pmatrix} 0 & 0 \\ 1 & 0 \end{pmatrix}+d\begin{pmatrix} 0 & 0 \\ 0 & 1 \end{pmatrix}$

7 (答) $\begin{pmatrix} 5 & 3 \\ 6 & 10 \end{pmatrix}$，$\begin{pmatrix} 17 & -11 \\ 6 & -2 \end{pmatrix}$，$\begin{pmatrix} 17 & 5 \\ 14 & 6 \end{pmatrix}$，$\begin{pmatrix} 15 & 4 \\ -4 & -1 \end{pmatrix}$，$\begin{pmatrix} 1 & 6 \\ 0 & 1 \end{pmatrix}$

8 (答) R，T

9. 省略

10. (1) $A+\bar{A}=\begin{pmatrix} a+d & 0 \\ 0 & a+d \end{pmatrix}=(a+d)E$

(2) $A\bar{A}=\bar{A}A=\begin{pmatrix} ad-bc & 0 \\ 0 & ad-bc \end{pmatrix}=(ad-bc)E$

11. (1) $ab\neq 0$, $\begin{pmatrix} 1/a & 0 \\ 0 & 1/b \end{pmatrix}$ (2) $k\neq 0$, $\begin{pmatrix} 0 & 1/k \\ 1 & -1/k \end{pmatrix}$

12. (1) $B^2=(P^{-1}AP)(P^{-1}AP)=P^{-1}A^2P$

(2) $B^3=B^2B=(P^{-1}A^2P)(P^{-1}AP)=P^{-1}A^3P$

13. $\begin{pmatrix} x & y \\ z & u \end{pmatrix}\begin{pmatrix} 2 & 3 \\ 4 & 6 \end{pmatrix}=\begin{pmatrix} 0 & 0 \\ 0 & 0 \end{pmatrix}$ から $\begin{cases} x+2y=0 \\ z+2u=0 \end{cases}$ $\therefore$ $\begin{cases} x=-2s, & y=s \\ z=-2t, & u=t \end{cases}$

(答) $\begin{pmatrix} -2s & s \\ -2t & t \end{pmatrix}$ (s, t は任意)

14 (1) 正しくない．反例をあげよ．

(2) 正しい．$|A|\neq 0$ ならば A には逆行列 A^{-1} がある．$A^{-1}(AB)=O$

$\therefore$ $(A^{-1}A)B=O$ $\therefore$ $B=O$

15. (1) $|AB|=\begin{pmatrix} k & 0 \\ 0 & k \end{pmatrix}$ $|A|\,|B|=\begin{vmatrix} k & 0 \\ 0 & k \end{vmatrix}=k^2\neq 0$, $|A|\neq 0$, $|B|\neq 0$, よってA, B は正則

(2) $A^{-1}(AB)=A^{-1}(kE)$ $\therefore$ $B=kA^{-1}$

(3) $BA=(kA^{-1})A=k(A^{-1}A)=kE$ $\therefore$ $AB=BA$

16. $A=\begin{pmatrix} a & 0 \\ 0 & a \end{pmatrix}$, $B=\begin{pmatrix} b & 0 \\ 0 & b \end{pmatrix}$ とおくと，$f(A)=a$, $f(B)=b$

(1) $A+B=\begin{pmatrix} a+b & 0 \\ 0 & a+b \end{pmatrix}$

$\therefore$ $f(A+B)=a+b=f(A)+f(B)$

(2) (1) と同様

(3) $AB=\begin{pmatrix} ab & 0 \\ 0 & ab \end{pmatrix}$, $f(AB)=ab=f(A)f(B)$

(4) $a\neq 0$ ならば $A^{-1}=\begin{pmatrix} 1/a & 0 \\ 0 & 1/a \end{pmatrix}$

$$f(A^{-1})=\frac{1}{a}=\frac{1}{f(A)}$$

17. $\boldsymbol{px}=8$, $\boldsymbol{qy}=-23$, $\boldsymbol{p}A\boldsymbol{x}=23$, $\boldsymbol{q}A\boldsymbol{y}=-73$

18. $(\boldsymbol{p}\ \boldsymbol{q})\boldsymbol{r}=\begin{pmatrix} 2 & 2 \\ -4 & 3 \end{pmatrix}\begin{pmatrix} -5 \\ 6 \end{pmatrix}=\begin{pmatrix} 2 \\ 38 \end{pmatrix}$

$(\boldsymbol{q}\ \boldsymbol{r})\boldsymbol{p}=\begin{pmatrix} 2 & -5 \\ 3 & 6 \end{pmatrix}\begin{pmatrix} 2 \\ -4 \end{pmatrix}=\begin{pmatrix} 24 \\ -18 \end{pmatrix}$

$(\boldsymbol{r}\ \boldsymbol{p})\boldsymbol{q}=\begin{pmatrix} -5 & 2 \\ 6 & -4 \end{pmatrix}\begin{pmatrix} 2 \\ 3 \end{pmatrix}=\begin{pmatrix} -4 \\ 0 \end{pmatrix}$

19 $\boldsymbol{a}\begin{pmatrix} \boldsymbol{b} \\ \boldsymbol{c} \end{pmatrix}=(3\ \ -4)\begin{pmatrix} 5 & 6 \\ -2 & 1 \end{pmatrix}=(23\ \ 14)$

$\boldsymbol{b}\begin{pmatrix} \boldsymbol{c} \\ \boldsymbol{a} \end{pmatrix}=(5\ \ 6)\begin{pmatrix} -2 & 1 \\ 3 & -4 \end{pmatrix}=(8\ \ -19)$

$$\boldsymbol{c}\begin{pmatrix}\boldsymbol{a}\\ \boldsymbol{b}\end{pmatrix}=(-2\ \ 1)\begin{pmatrix}3 & -4\\ 5 & 6\end{pmatrix}=(-1\ \ 14)$$

20 $\boldsymbol{ax}=\begin{pmatrix}3\\ -4\end{pmatrix}(x\ \ y)=\begin{pmatrix}3x & 3y\\ -4x & -4y\end{pmatrix}$

$$\boldsymbol{xa}=(x\ \ y)\begin{pmatrix}3\\ -4\end{pmatrix}=3x-4y$$

21. $\boldsymbol{a}$ と $\boldsymbol{c}$, $\boldsymbol{b}$ と $\boldsymbol{c}$, $\boldsymbol{c}$ と $\boldsymbol{d}$

22. (1) $b(\beta-a)-b(\alpha-a)=b(\beta-\alpha)\neq 0$ $\therefore$ $b\neq 0$, $\alpha\neq\beta$

(2) $a^2-36\neq 0$ $\therefore$ $a\neq\pm 6$

23. $\overrightarrow{\mathrm{CA}}=\boldsymbol{a}-\boldsymbol{c}$, $\overrightarrow{\mathrm{CB}}=\boldsymbol{b}-\boldsymbol{c}$, $\overrightarrow{\mathrm{CP}}=\boldsymbol{x}-\boldsymbol{c}$

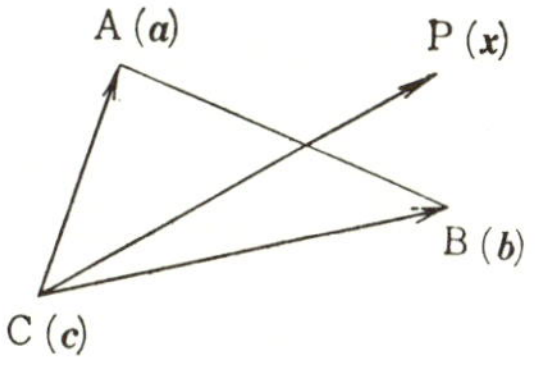

$\overrightarrow{\mathrm{CP}}$ は $\overrightarrow{\mathrm{CA}}$, $\overrightarrow{\mathrm{CB}}$ の定める平面上にあるから, $\overrightarrow{\mathrm{CA}}$, $\overrightarrow{\mathrm{CB}}$ の1次結合として表される. $\overrightarrow{\mathrm{CP}}=p\overrightarrow{\mathrm{CA}}+q\overrightarrow{\mathrm{CB}}$ をみたす$(p\ \ q)$が1組だけある. $\boldsymbol{x}-\boldsymbol{c}=p(\boldsymbol{a}-\boldsymbol{c})+q(\boldsymbol{b}-\boldsymbol{c})$, $\boldsymbol{x}=p\boldsymbol{a}+q\boldsymbol{b}+(1-p-q)\boldsymbol{c}$, $1-p-q=r$ とおくと, $\boldsymbol{x}=p\boldsymbol{a}+q\boldsymbol{b}+r\boldsymbol{c}$, $\boldsymbol{x}$ に対応して (p, q) は1組だけ定まるから (p, q, r) も1組だけ定まる.

24. A において $\begin{pmatrix}3\\ 4\end{pmatrix}$, $\begin{pmatrix}6\\ 5\end{pmatrix}$ は1次独立だから rank $A=2$;

B において $\begin{pmatrix}3\\ -5\end{pmatrix}$, $\begin{pmatrix}-6\\ 10\end{pmatrix}$ は1次従属で, $\begin{pmatrix}3\\ -5\end{pmatrix}$ 自身は1次独立だから rank $B=1$;

C において $\begin{pmatrix}0\\ 0\end{pmatrix}$, $\begin{pmatrix}0\\ -3\end{pmatrix}$ は1次従属で, $\begin{pmatrix}0\\ -3\end{pmatrix}$ は1次独立. rank $C=1$

25. $f(\boldsymbol{x})=A\boldsymbol{x}$, $g(\boldsymbol{x})=B\boldsymbol{x}$ とおくと $gf(\boldsymbol{x})=g(f(\boldsymbol{x}))=g(A\boldsymbol{x})=B(A\boldsymbol{x})=BA(\boldsymbol{x})$

$$gf\begin{pmatrix}x\\ y\end{pmatrix}=\begin{pmatrix}4 & 0\\ 1 & -5\end{pmatrix}\begin{pmatrix}3 & 1\\ 0 & 2\end{pmatrix}\begin{pmatrix}x\\ y\end{pmatrix}=\begin{pmatrix}12 & 4\\ 3 & -9\end{pmatrix}\begin{pmatrix}x\\ y\end{pmatrix}$$

26. $f^{-1}\begin{pmatrix}x'\\ y'\end{pmatrix}=\frac{1}{6}\begin{pmatrix}2 & -1\\ 0 & 3\end{pmatrix}\begin{pmatrix}x'\\ y'\end{pmatrix}$, $g^{-1}\begin{pmatrix}x'\\ y'\end{pmatrix}=\frac{1}{20}\begin{pmatrix}5 & 0\\ 1 & -4\end{pmatrix}\begin{pmatrix}x'\\ y'\end{pmatrix}$

27 $gf\begin{pmatrix}x\\ y\end{pmatrix}=(1\ \ 2)\begin{pmatrix}3 & -1\\ -1 & 3\end{pmatrix}\begin{pmatrix}x\\ y\end{pmatrix}=(1\ \ 5)\begin{pmatrix}x\\ y\end{pmatrix}=x+5y$

28. $\begin{pmatrix}-5\\ 0\end{pmatrix}$, $\begin{pmatrix}-2\\ 1\end{pmatrix}$, $\begin{pmatrix}1\\ 2\end{pmatrix}$, $\begin{pmatrix}-3\\ -1\end{pmatrix}$, $\begin{pmatrix}0\\ 0\end{pmatrix}$, $\begin{pmatrix}3\\ 1\end{pmatrix}$, $\begin{pmatrix}-1\\ -2\end{pmatrix}$, $\begin{pmatrix}2\\ -1\end{pmatrix}$, $\begin{pmatrix}5\\ 0\end{pmatrix}$

29. (1) $\begin{pmatrix}-5 & 2\\ -4 & -2\end{pmatrix}$

(2) 求める写像を $f\begin{pmatrix}x\\ y\end{pmatrix}=\begin{pmatrix}a & b\\ c & d\end{pmatrix}\begin{pmatrix}x\\ y\end{pmatrix}$ とおき a, b, c, d の値を定める.

$$\begin{pmatrix}a & b\\ c & d\end{pmatrix}\begin{pmatrix}2\\ 1\end{pmatrix}=\begin{pmatrix}-7\\ 4\end{pmatrix},\ \begin{pmatrix}a & b\\ c & d\end{pmatrix}\begin{pmatrix}3\\ 2\end{pmatrix}=\begin{pmatrix}5\\ -6\end{pmatrix}$$

$$\begin{cases}2a+b=-7,\ 2c+d=4\\ 3a+2b=5,\ 3c+2d=-6\end{cases}$$

$\therefore$ $a=-19$, $b=31$, $c=14$, $d=-24$

(答) $f\begin{pmatrix}x\\ y\end{pmatrix}=\begin{pmatrix}-19 & 31\\ 14 & -24\end{pmatrix}\begin{pmatrix}x\\ y\end{pmatrix}$

30. $\begin{pmatrix}2\\-1\end{pmatrix}\longrightarrow\begin{pmatrix}-2\\1\end{pmatrix}$

$\begin{pmatrix}3\\1\end{pmatrix}\longrightarrow\begin{pmatrix}-1\\3\end{pmatrix}$

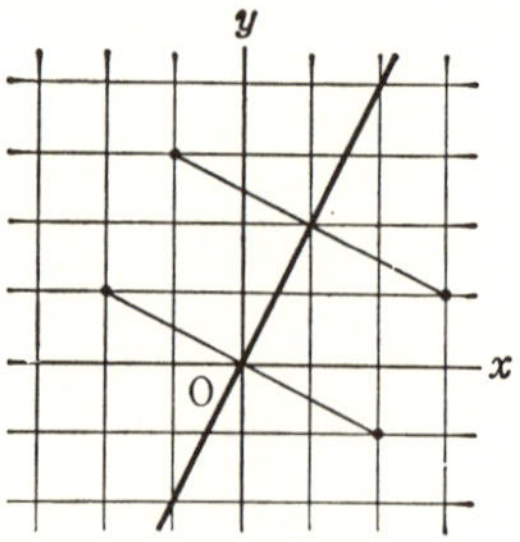

線形写像であるから $f(\boldsymbol{x})=A\boldsymbol{x}$ とおくと

$A\begin{pmatrix}2\\-1\end{pmatrix}=\begin{pmatrix}-2\\1\end{pmatrix}$, $A\begin{pmatrix}3\\1\end{pmatrix}=\begin{pmatrix}-1\\3\end{pmatrix}$

加えて $A\begin{pmatrix}2&3\\-1&1\end{pmatrix}=\begin{pmatrix}-2&-1\\1&3\end{pmatrix}$,

A について解いて $A=\begin{pmatrix}-2&-1\\1&3\end{pmatrix}\cdot\frac{1}{5}\begin{pmatrix}1&-3\\1&2\end{pmatrix}=\frac{1}{5}\begin{pmatrix}-3&4\\4&3\end{pmatrix}$

$\therefore\quad f(\boldsymbol{x})=\frac{1}{5}\begin{pmatrix}-3&4\\4&3\end{pmatrix}\begin{pmatrix}x\\y\end{pmatrix}$, $x'=\dfrac{-3x+4y}{5}$, $y'=\dfrac{4x+3y}{5}$

31. (1) $\mathrm{E}'\begin{pmatrix}\cos\theta\\\sin\theta\end{pmatrix}$, $\mathrm{F}'\begin{pmatrix}-\sin\theta\\\cos\theta\end{pmatrix}$

(2) $\overrightarrow{\mathrm{OE}'}=\begin{pmatrix}\cos\theta\\\sin\theta\end{pmatrix}=\overrightarrow{\mathrm{OE}}\cos\theta+\overrightarrow{\mathrm{OF}}\sin\theta$

$\mathrm{OF}'=\begin{pmatrix}-\sin\theta\\\cos\theta\end{pmatrix}=\overrightarrow{\mathrm{OE}}(-\sin\theta)+\overrightarrow{\mathrm{OF}}\cos\theta$

(3) $\overrightarrow{\mathrm{OP}'}=x'\overrightarrow{\mathrm{OE}}+y'\overrightarrow{\mathrm{OF}}=x\overrightarrow{\mathrm{OE}'}+y\overrightarrow{\mathrm{OF}'}=x(\overrightarrow{\mathrm{OE}}\cos\theta+\overrightarrow{\mathrm{OF}}\sin\theta)+y(-\overrightarrow{\mathrm{OE}}\sin\theta$
$+\overrightarrow{\mathrm{OF}}\cos\theta)=(x\cos\theta-y\sin\theta)\overrightarrow{\mathrm{OE}}+(x\sin\theta+y\cos\theta)\overrightarrow{\mathrm{OF}}$

$\therefore\quad\begin{cases}x'=x\cos\theta-y\sin\theta\\y'=x\sin\theta+y\cos\theta\end{cases}$

32. $f:\begin{pmatrix}x'\\y'\end{pmatrix}=\begin{pmatrix}\cos90^\circ&-\sin90^\circ\\\sin90^\circ&\cos90^\circ\end{pmatrix}\begin{pmatrix}x\\y\end{pmatrix}=\begin{pmatrix}0&-1\\1&0\end{pmatrix}\begin{pmatrix}x\\y\end{pmatrix}$

$g:\begin{pmatrix}x'\\y'\end{pmatrix}=\begin{pmatrix}\cos90^\circ&\sin90^\circ\\-\sin90^\circ&\cos90^\circ\end{pmatrix}\begin{pmatrix}x\\y\end{pmatrix}=\begin{pmatrix}0&1\\-1&0\end{pmatrix}\begin{pmatrix}x\\y\end{pmatrix}$

33. 回転の角を θ とすると，$\cos\theta=\frac{1}{\sqrt{5}}$, $\sin\theta=\frac{2}{\sqrt{5}}$ よって回転の式は

$x'=\dfrac{x-2y}{\sqrt{5}}$, $y'=\dfrac{2x+y}{\sqrt{5}}$

34. $A=\begin{pmatrix}0&a\\-a&0\end{pmatrix}$, $|A|=\begin{vmatrix}0&a\\-a&0\end{vmatrix}=a^2\geqq0$

35. $A=\begin{pmatrix}a&c\\c&b\end{pmatrix}$, $B=\begin{pmatrix}p&r\\r&q\end{pmatrix}$ とおくと

(1) $A+B=\begin{pmatrix}a+p&c+r\\c+r&b+q\end{pmatrix}$ 対称行列

(2) $AB=\begin{pmatrix}ap+cr&ar+cq\\cp+br&cr+bq\end{pmatrix}$ 対称行列でない．

36. $A=\begin{pmatrix}0&a\\-a&0\end{pmatrix}$, $B=\begin{pmatrix}0&b\\-b&0\end{pmatrix}$ とおくと

(1) $A+B=\begin{pmatrix} 0 & a+b \\ -a-b & 0 \end{pmatrix}$ 交代行列

(2) $AB=\begin{pmatrix} -ab & 0 \\ 0 & -ab \end{pmatrix}$ 交代行列でない.

37 左辺$=a^4+b^4+c^4+d^4+2a^2c^2+2b^2d^2+2a^2b^2+2c^2d^2+4abcd-2a^2-2b^2-2c^2-2d^2$
$+2=$右辺

38. (1) $\begin{pmatrix} 3 & 1 \\ 1 & 7 \end{pmatrix}+\begin{pmatrix} 0 & 5 \\ -5 & 0 \end{pmatrix}$ (2) $\begin{pmatrix} a & \frac{b+c}{2} \\ \frac{b+c}{2} & d \end{pmatrix}+\begin{pmatrix} 0 & \frac{b-c}{2} \\ -\frac{b-c}{2} & 0 \end{pmatrix}$

39. $A=\begin{pmatrix} 1 & a \\ 0 & 1 \end{pmatrix}$, $B=\begin{pmatrix} 1 & b \\ 0 & 1 \end{pmatrix}$ とおくと $f(A)=a$, $f(B)=b$

(1) $AB=\begin{pmatrix} 1 & a+b \\ 0 & 1 \end{pmatrix}$, $f(AB)=a+b=f(A)+f(B)$ (2)は略

(3) $A^{-1}=\begin{pmatrix} 1 & -a \\ 0 & 1 \end{pmatrix}$, $f(A^{-1})=-a=-f(A)$

(4) $f(A^{-1}B)=f(A^{-1})+f(B)=(-a)+b$
$f(BA^{-1})=f(B)+f(A^{-1})=b+(-a)$
$\therefore\ f(A^{-1}B)=f(BA^{-1})=f(B)-f(A)$

40. $A^2=\begin{pmatrix} -1 & 0 \\ 0 & -1 \end{pmatrix}$, $A^3=\begin{pmatrix} 0 & -1 \\ 1 & 0 \end{pmatrix}$, $A^4=E$,
$S=(E,\ A,\ A^2,\ A^3)$
乗法について閉じている．Eは単位要素．E, A, A^2, A^3の逆行列はそれぞれE, A^3, A^2, A

	E	A	A^2	A^3
E	E	A	A^2	A^3
A	A	A^2	A^3	E
A^2	A^2	A^3	E	A
A^3	A^3	E	A	A^2

41. $A=\begin{pmatrix} 0 & -1 \\ 1 & \sqrt{2} \end{pmatrix}$, $A^2=\begin{pmatrix} -1 & -\sqrt{2} \\ \sqrt{2} & 1 \end{pmatrix}$, $A^3=\begin{pmatrix} -\sqrt{2} & -1 \\ 1 & 0 \end{pmatrix}$, $A^4=\begin{pmatrix} -1 & 0 \\ 0 & -1 \end{pmatrix}$,
$A^5=\begin{pmatrix} 0 & 1 \\ -1 & -\sqrt{2} \end{pmatrix}$, $A^6=\begin{pmatrix} 1 & \sqrt{2} \\ -\sqrt{2} & -1 \end{pmatrix}$, $A^7=\begin{pmatrix} \sqrt{2} & 1 \\ -1 & 0 \end{pmatrix}$, $A^8=E$; $m=8$
$G=\{E, A, A^2, A^3, A^4, A^5, A^6, A^7\}$
$A^p\in G$, $A^q\in G$ のとき $p+q$ を8で割ったときの余りを r とすると $A^pA^q=A^r\in G$
E は単位要素．A^p の逆要素は A^{8-p}

42.

	O	E_{11}	E_{12}	E_{21}	E_{22}
O	O	O	O	O	O
E_{11}	O	E_{11}	E_{12}	O	O
E_{12}	O	O	O	E_{11}	E_{12}
E_{21}	O	E_{21}	E_{22}	O	O
E_{22}	O	O	O	E_{21}	E_{22}

43. 和,差,積もまた下三角行列になることを示せ．和と差は自明に近い．

$$\begin{pmatrix} a & 0 \\ c & b \end{pmatrix}\begin{pmatrix} p & 0 \\ r & q \end{pmatrix}=\begin{pmatrix} ap & 0 \\ cp+br & bq \end{pmatrix}$$

44. $A\in G$, $B\in G$ ならば $|A|=1$, $|B|=1$, $|AB|=|A|\cdot|B|=1$ $\therefore AB\in G$

$A\in G$ ならば $AA^{-1}=E$ から $|AA^{-1}|=|E|$, $|A|\cdot|A^{-1}|=1$ $\therefore |A^{-1}|=1$ $\therefore A^{-1}\in G$

45. A は正則だから $AX=XA \rightleftarrows X=A^{-1}XA$, $X\in G$, $Y\in G$ ならば $X=A^{-1}XA$, $Y=A^{-1}YA$, $X\pm Y=A^{-1}XA\pm A^{-1}YA=A^{-1}(X\pm Y)A$ よって $X\pm Y\in G$

$$XY=(A^{-1}XA)(A^{-1}YA)=A^{-1}XYA \quad \therefore XY\in G$$

46. (1) $L=\begin{pmatrix} 4 & 0 \\ 0 & 1 \end{pmatrix}$, $L^{-1}AL=\begin{pmatrix} 2 & 1 \\ 12 & 1 \end{pmatrix}=B$

(2) $k^2+k-12=0$ の1根3をとり, $M=\begin{pmatrix} 1 & 0 \\ 3 & 1 \end{pmatrix}$, $M^{-1}BM=\begin{pmatrix} 5 & 1 \\ 0 & -2 \end{pmatrix}=C$

(3) $N=\begin{pmatrix} 1 & 1 \\ 0 & -7 \end{pmatrix}$, $N^{-1}CN=\begin{pmatrix} 5 & 0 \\ 0 & -2 \end{pmatrix}=D$

47. (1) $L=\begin{pmatrix} 3 & 0 \\ 0 & 1 \end{pmatrix}$, $L^{-1}AL=\begin{pmatrix} 1 & 1 \\ -9 & 7 \end{pmatrix}=B$

(2) $k^2-6k+9=0$ を解いて $k=3$, $M=\begin{pmatrix} 1 & 0 \\ 3 & 1 \end{pmatrix}$, $M^{-1}BM=\begin{pmatrix} 4 & 1 \\ 0 & 4 \end{pmatrix}=C$

48. $\begin{pmatrix} 2 & 4 \\ 3 & 1 \end{pmatrix}$ の固有方程式 $(\lambda-2)(\lambda-1)-12=0$, これを解いて $\lambda=5$, -2 $\therefore \begin{pmatrix} 5 & 0 \\ 0 & -2 \end{pmatrix}$

$\begin{pmatrix} 1 & 3 \\ -3 & 7 \end{pmatrix}$ の固有方程式 $(\lambda-1)(\lambda-7)+9=0$ を解いて $\lambda=4$ (重根) $\therefore \begin{pmatrix} 4 & 1 \\ 0 & 4 \end{pmatrix}$

49. (1) A の固有方程式 $(\lambda-5)(\lambda+3)+14=0$, これを解いて $\lambda=1\pm\sqrt{2}$,

$\begin{pmatrix} 1+\sqrt{2} & 0 \\ 0 & 1-\sqrt{2} \end{pmatrix}$

(2) A の固有方程式 $(\lambda+1)(\lambda+9)+16=0$ を解いて $\lambda=-5$ (重根), $\begin{pmatrix} -5 & 1 \\ 0 & -5 \end{pmatrix}$

50. (1) 固有方程式 $(\lambda-a)(\lambda-b)-h^2=0$, $\lambda^2-(a+b)\lambda+ab-h^2=0$, 判別式を D とすると $D=(a-b)^2+4h^2>0$

(2) 2実根を α, β とすると, 固有ベクトルは $\boldsymbol{p}=\begin{pmatrix} h \\ \alpha-a \end{pmatrix}$, $\boldsymbol{q}=\begin{pmatrix} h \\ \beta-a \end{pmatrix}$, $\boldsymbol{p}$, $\boldsymbol{q}$ の内積は $h^2+(\alpha-a)(\beta-a)=h^2+\alpha\beta-a(\alpha+\beta)+a^2=h^2+ab-h^2-a(a+b)+a^2=0$

$\therefore \boldsymbol{p}\perp\boldsymbol{q}$

51. (1) 固有方程式 $(\lambda-\cos\theta)^2+\sin^2\theta=0$, 解いて $\lambda=\cos\theta\pm i\sin\theta=e^{\theta i}, e^{-\theta i}$ $\therefore J=\begin{pmatrix} e^{\theta i} & 0 \\ 0 & e^{-\theta i} \end{pmatrix}$, 固有ベクトルは $\boldsymbol{p}=\begin{pmatrix} -\sin\theta \\ i\sin\theta \end{pmatrix}=-\sin\theta\begin{pmatrix} 1 \\ -i \end{pmatrix}$, $\boldsymbol{q}=\begin{pmatrix} -\sin\theta \\ -i\sin\theta \end{pmatrix}=-\sin\theta\begin{pmatrix} 1 \\ i \end{pmatrix}$,

$\therefore P=\begin{pmatrix} 1 & 1 \\ -i & i \end{pmatrix}$

(2) 固有方程式 $(\lambda-\cos\theta)(\lambda+\cos\theta)-\sin^2\theta=0$ を解いて $\lambda=\pm1$, $J=\begin{pmatrix} 1 & 0 \\ 0 & -1 \end{pmatrix}$, 固有

ベクトルは $\boldsymbol{p}=\begin{pmatrix}\sin\theta\\1-\cos\theta\end{pmatrix}=2\sin\frac{\theta}{2}\begin{pmatrix}\cos\frac{\theta}{2}\\ \sin\frac{\theta}{2}\end{pmatrix}$, $\boldsymbol{q}=\begin{pmatrix}\sin\theta\\-1-\cos\theta\end{pmatrix}=2\cos\frac{\theta}{2}\begin{pmatrix}\sin\frac{\theta}{2}\\ -\cos\frac{\theta}{2}\end{pmatrix}$

$\therefore\ P=\begin{pmatrix}\cos\frac{\theta}{2} & \sin\frac{\theta}{2}\\ \sin\frac{\theta}{2} & -\cos\frac{\theta}{2}\end{pmatrix}$

52. (1) 固有方程式 $(\lambda-3)(\lambda+4)-8=0$, $\therefore\ \lambda=4,\ -5$ $\quad \boldsymbol{p}=\begin{pmatrix}8\\1\end{pmatrix}$, $\boldsymbol{q}=\begin{pmatrix}8\\-8\end{pmatrix}=8\begin{pmatrix}1\\-1\end{pmatrix}$

(2) $P=\begin{pmatrix}8 & 1\\1 & -1\end{pmatrix}$ とおくと $P^{-1}AP=\begin{pmatrix}4 & 0\\0 & -5\end{pmatrix}=J \quad \boldsymbol{u}'=P^{-1}AP\boldsymbol{u}=J\boldsymbol{u}$

$\therefore\ \begin{cases}u'=4u\\ v'=-5v\end{cases}$

53. (1) $\boldsymbol{x}_{n+1}=A\boldsymbol{x}_n \quad \therefore\ \boldsymbol{x}_n=A^{n-1}\boldsymbol{x},\ A=\begin{pmatrix}0 & 2\\2 & 0\end{pmatrix}$

A の固有方程式 $\lambda^2-4=0 \quad \therefore\ \lambda=2,\ -2$

固有ベクトルは $\begin{pmatrix}2\\2\end{pmatrix}=2\begin{pmatrix}1\\1\end{pmatrix}$, $\begin{pmatrix}2\\-2\end{pmatrix}=2\begin{pmatrix}1\\-1\end{pmatrix}$, $P=\begin{pmatrix}1 & 1\\1 & -1\end{pmatrix}$ とおくと $P^{-1}=\frac{1}{2}\begin{pmatrix}1 & 1\\1 & -1\end{pmatrix}$,

$J=\begin{pmatrix}2 & 0\\0 & -2\end{pmatrix}$ とおくと $A=PJP^{-1} \quad \therefore\ \boldsymbol{x}_n=PJ^{n-1}P^{-1}\boldsymbol{x}_1$

$=\begin{pmatrix}1 & 1\\1 & -1\end{pmatrix}\begin{pmatrix}2^{n-1} & 0\\0 & (-2)^{n-1}\end{pmatrix}\frac{1}{2}\begin{pmatrix}1 & 1\\1 & -1\end{pmatrix}\begin{pmatrix}1\\2\end{pmatrix}$

$=\frac{1}{2}\begin{pmatrix}2^{n-1} & (-2)^{n-1}\\2^{n-1} & -(-2)^{n-1}\end{pmatrix}\begin{pmatrix}3\\-1\end{pmatrix}=\frac{1}{2}\begin{pmatrix}3\cdot2^{n-1}-(-2)^{n-1}\\3\cdot2^{n-1}+(-2)^{n-1}\end{pmatrix}$

$\therefore\ x_n=(3+(-1)^{n-2})2^{n-2}$

$y_n=(3-(-1)^{n-2})2^{n-2}$

(2) $\boldsymbol{x}_{n+1}=A\boldsymbol{x}_n \quad \therefore\ \boldsymbol{x}_n=A^{n-1}\boldsymbol{x},\ A=\begin{pmatrix}2 & 3\\1 & 4\end{pmatrix}$

A の固有方程式 $(\lambda-2)(\lambda-4)-3=0 \quad \therefore\ \lambda=1,5$

固有ベクトル $\begin{pmatrix}3\\-1\end{pmatrix}$, $\begin{pmatrix}3\\3\end{pmatrix}=3\begin{pmatrix}1\\1\end{pmatrix}$, $P=\begin{pmatrix}3 & 1\\-1 & 1\end{pmatrix}$ とおくと $P^{-1}=\frac{1}{4}\begin{pmatrix}1 & -1\\1 & 3\end{pmatrix}$, $J=\begin{pmatrix}1 & 0\\0 & 5\end{pmatrix}$

$A=PJP^{-1} \quad \therefore\ \boldsymbol{x}_n=A^{n-1}\boldsymbol{x}_1=PJ^{n-1}P^{-1}\boldsymbol{x}_1$

$=\begin{pmatrix}3 & 1\\-1 & 1\end{pmatrix}\begin{pmatrix}1 & 0\\0 & 5^{n-1}\end{pmatrix}\cdot\frac{1}{4}\begin{pmatrix}1 & -1\\1 & 3\end{pmatrix}\begin{pmatrix}2\\-2\end{pmatrix}$

$=\begin{pmatrix}3 & 5^{n-1}\\-1 & 5^{n-1}\end{pmatrix}\begin{pmatrix}1\\-1\end{pmatrix}=\begin{pmatrix}3-5^{n-1}\\-1-5^{n-1}\end{pmatrix} \quad \therefore\ x_n=3-5^{n-1},\ y_n=-1-5^{n-1}$

(3) $\boldsymbol{x}_{n+1}{}^{n}=A\boldsymbol{x}_n,\ \boldsymbol{x}_n=A^{n-1}\boldsymbol{x}_1,\ A=\begin{pmatrix}5 & -1\\4 & 1\end{pmatrix}$

A の固有方程式 $(\lambda-5)(\lambda-1)+4=0$, $\lambda=3$ (重根)

固有ベクトル $\begin{pmatrix}-1\\-2\end{pmatrix}$, $\begin{pmatrix}0\\1\end{pmatrix}$; $P=\begin{pmatrix}-1 & 0\\-2 & 1\end{pmatrix}$ とおくと $P^{-1}=\begin{pmatrix}-1 & 0\\-2 & 1\end{pmatrix}$; $J=\begin{pmatrix}3 & 1\\0 & 3\end{pmatrix}$ とおくと

$A=PJP^{-1} \quad \therefore\ \boldsymbol{x}_n=PJ^{n-1}P^{-1}\boldsymbol{x}_1$

$=\begin{pmatrix}-1 & 0\\-2 & 1\end{pmatrix}\begin{pmatrix}3^{n-1} & (n-1)3^{n-2}\\0 & 3^{n-1}\end{pmatrix}\begin{pmatrix}-1 & 0\\-2 & 1\end{pmatrix}\begin{pmatrix}1\\1\end{pmatrix}$

$=\begin{pmatrix}-1 & 0\\ -2 & 1\end{pmatrix}\begin{pmatrix}-3^{n-1}-(n-1)3^{n-2}\\ -3^{n-1}\end{pmatrix}$

$\therefore\ x_n=3^{n-1}+(n-1)3^{n-2}=(n+2)3^{n-2}$

$y_n=2\cdot 3^{n-1}+2(n-1)3^{n-2}-3^{n-1}=(2n+1)3^{n-2}$

54. $y_n=x_{n-1}$ とおいて，数列 $\{y_n\}(n=2,3,\cdots)$ を追加すると，$x_2=1$，$y_2=x_1=2$

$\begin{cases}x_{n+1}=x_n+2y_n\\ y_{n+1}=x_n\end{cases}$ $\therefore\ \boldsymbol{x}_{n+1}=A\boldsymbol{x}_n$，$A=\begin{pmatrix}1 & 2\\ 1 & 0\end{pmatrix}$

$\boldsymbol{x}_n=A^{n-2}\boldsymbol{x}_2$，$\boldsymbol{x}_2=\begin{pmatrix}1\\ 2\end{pmatrix}$，$A$ の固有方程式は $\lambda(\lambda-1)-2=0$ $\therefore\ \lambda=2,\ -1$；固有ベクトルは $\begin{pmatrix}2\\ 1\end{pmatrix}$，$\begin{pmatrix}2\\ -2\end{pmatrix}=2\begin{pmatrix}1\\ -1\end{pmatrix}$ $\therefore\ P=\begin{pmatrix}2 & 1\\ 1 & -1\end{pmatrix}$ とおくと $P^{-1}=\dfrac{1}{3}\begin{pmatrix}1 & 1\\ 1 & -2\end{pmatrix}$，

$J=\begin{pmatrix}2 & 0\\ 0 & -1\end{pmatrix}$

$\boldsymbol{x}_n=PJ^{n-2}P^{-1}\boldsymbol{x}_2$

$=\begin{pmatrix}2 & 1\\ 1 & -1\end{pmatrix}\begin{pmatrix}2^{n-2} & 0\\ 0 & (-1)^{n-2}\end{pmatrix}\cdot\dfrac{1}{3}\begin{pmatrix}1 & 1\\ 1 & -2\end{pmatrix}\begin{pmatrix}1\\ 2\end{pmatrix}$

$=\begin{pmatrix}2^{n-1} & (-1)^{n-2}\\ 2^{n-2} & (-1)^{n-1}\end{pmatrix}\begin{pmatrix}1\\ -1\end{pmatrix}$ $\therefore\ x_n=2^{n-1}+(-1)^{n-1}$

55. $x_n=\dfrac{u_n}{v_n}$ とおくと $\dfrac{u_{n+1}}{v_{n+1}}=\dfrac{5u_n-3v_n}{3u_n-v_n}$，よって $\begin{cases}u_{n+1}=5u_n-3v_n\\ v_{n+1}=3u_n-v_n\end{cases}$ $\begin{cases}u_1=3\\ v_1=1\end{cases}$ を解けばよい．

$\begin{pmatrix}u_{n+1}\\ v_{n+1}\end{pmatrix}=\begin{pmatrix}5 & -3\\ 3 & -1\end{pmatrix}\begin{pmatrix}u_n\\ v_n\end{pmatrix}$ これを $\boldsymbol{u}_{n+1}=A\boldsymbol{u}_n$ とおくと $\boldsymbol{u}_n=A^{n-1}\boldsymbol{u}_1$，$A$ の固有方程式は

$(\lambda-5)(\lambda+1)+9=0$，$\lambda=2$（重根）

$\therefore\ J=\begin{pmatrix}2 & 1\\ 0 & 2\end{pmatrix}$，$P=\begin{pmatrix}-3 & 0\\ -3 & 1\end{pmatrix}$，$P^{-1}=\dfrac{1}{3}\begin{pmatrix}-1 & 0\\ -3 & 3\end{pmatrix}$

$\boldsymbol{u}_n=PJ^{n-1}P^{-1}\boldsymbol{u}_1$

$=\begin{pmatrix}-3 & 0\\ -3 & 1\end{pmatrix}\begin{pmatrix}2^{n-1} & (n-1)2^{n-2}\\ 0 & 2^{n-1}\end{pmatrix}\dfrac{1}{3}\begin{pmatrix}-1 & 0\\ -3 & 3\end{pmatrix}\begin{pmatrix}3\\ 1\end{pmatrix}$

$=\begin{pmatrix}6n\cdot 2^{n-2}\\ (6n-4)\cdot 2^{n-2}\end{pmatrix}$ $\therefore\ \begin{matrix}u_n=6n\cdot 2^{n-2}\\ v_n=(6n-4)\cdot 2^{n-2}\end{matrix}$

$\therefore\ x_n=\dfrac{3n}{3n-2}$

56. $\boldsymbol{x}=u\boldsymbol{a}+v\boldsymbol{b}=(\boldsymbol{a}\ \boldsymbol{b})\begin{pmatrix}u\\ v\end{pmatrix}=\begin{pmatrix}4 & -5\\ 9 & 6\end{pmatrix}\boldsymbol{u}$

$\therefore\ \boldsymbol{x}=A\boldsymbol{u}$ ただし $A=\begin{pmatrix}4 & -5\\ 9 & 6\end{pmatrix}$

57. $\begin{pmatrix}x\\ y\end{pmatrix}=\boldsymbol{x}$，$A=\begin{pmatrix}0 & 2\\ 2 & -3\end{pmatrix}$ とおくと，与えられた式は ${}^t\boldsymbol{x}A\boldsymbol{x}$，$A$ の固有方程式は

$\lambda(\lambda+3)-4=0$ $\therefore\ \lambda=1,\ -4$

固有ベクトル $\boldsymbol{p}=\begin{pmatrix}2\\ 1\end{pmatrix}$，$\boldsymbol{q}=\begin{pmatrix}2\\ -4\end{pmatrix}$，単位ベクトルに直して

$\boldsymbol{p}'=\begin{pmatrix}2/\sqrt{5}\\ 1/\sqrt{5}\end{pmatrix}$，$\boldsymbol{q}'=\begin{pmatrix}1/\sqrt{5}\\ -2/\sqrt{5}\end{pmatrix}$

$T=(\boldsymbol{p}'\ \boldsymbol{q}')$, $J=\begin{pmatrix}1 & 0\\ 0 & -4\end{pmatrix}$ とおけば ${}^t\boldsymbol{x}A\boldsymbol{x}={}^t\boldsymbol{u}(T^{-1}AT)\boldsymbol{u}={}^t\boldsymbol{u}J\boldsymbol{u}=u^2-4v^2$

58. 固有多項式を作ればよい．

(1) λ^2-52 (2) $\lambda^2-8\lambda-1$

59. 固有多項式は $\lambda^2-\lambda+1$，これは A の零化多項式だから $A^2-A+E=O$，よって

$$A^6-E=(A^3-E)(A+E)(A^2-A+E)=O,$$

λ^6-1 は A の零化多項式である．

60. A の固有多項式は $\lambda^2-\sqrt{2}\lambda+1$，$A^8-E=(A^4-E)(A^4+E)$，$A^4+E=(A^4+2A^2+E)-2A^2=(A^2+E)^2-(\sqrt{2}A)^2=(A^2+\sqrt{2}A+E)(A^2-\sqrt{2}A+E)=O$ $\therefore$ $A^8-E=O$，λ^8-1 は A の零化多項式である．

61. (1) $\lambda^2-\lambda-12=0$ を解いて $\lambda=4,\ -3$

答 $\begin{cases} 4E,\ -3E \\ \begin{pmatrix}a & b\\ c & d\end{pmatrix}\ (a+d=1,\ ad-bc=-12)\end{cases}$

(2) $\lambda^2-\lambda-1=0$ を解いて $\lambda=\dfrac{1\pm\sqrt{5}}{2}$

答 $\begin{cases} \dfrac{1+\sqrt{5}}{2}E,\ \dfrac{1-\sqrt{5}}{2}E \\ \begin{pmatrix}a & b\\ c & d\end{pmatrix}\ (a+d=1,\ ad-bc=-1)\end{cases}$

62. $\lambda^4-1=(\lambda-1)(\lambda+1)(\lambda^2+1)$ が A の零化多項式である．A の成分が実数ならば，その最小多項式の係数も実数である．よって最小多項式は $\lambda-1$，$\lambda+1$，λ^2-1，λ^2+1 のいずれかである．

答 $\begin{cases} E,\ -E \\ \begin{pmatrix}a & b\\ c & d\end{pmatrix}\ (a+d=0,\ ad-bc=\pm 1)\end{cases}$

63. 零化多項式は $\lambda^3-1=(\lambda-1)(\lambda-\omega)(\lambda-\omega^2)$，最小多項式は，1次のものは $\lambda-1$，$\lambda-\omega$，$\lambda-\omega^2$，2次のものは

$(\lambda-\omega)(\lambda-\omega^2)=\lambda^2+\lambda+1$

$(\lambda-1)(\lambda-\omega^2)=\lambda^2+\omega\lambda+\omega^2$

$(\lambda-1)(\lambda-\omega)=\lambda^2+\omega^2\lambda+\omega$

のいずれか．

答 $\begin{cases} E,\ \omega E,\ \omega^2 E \\ \begin{pmatrix}a & b\\ c & d\end{pmatrix},\ \begin{pmatrix}a+d\\ ad-bc\end{pmatrix}=\begin{pmatrix}-1\\ 1\end{pmatrix},\ \begin{pmatrix}-\omega\\ \omega^2\end{pmatrix},\ \begin{pmatrix}-\omega^2\\ \omega\end{pmatrix}\end{cases}$

64. A と交換可能な行列を $X=\begin{pmatrix}x & y\\ z & u\end{pmatrix}$ とおいて，$AX=XA$ から $y=z=0$ を導け．

65. (1) 対称的ならば $f(\boldsymbol{x},\boldsymbol{y})=f(\boldsymbol{y},\boldsymbol{x})$ だから $\boldsymbol{x}A\boldsymbol{y}={}^t\boldsymbol{y}A\boldsymbol{x}$，両辺の値は実数だから k とおくと ${}^tk={}^t({}^t\boldsymbol{y}A\boldsymbol{x})={}^t\boldsymbol{x}{}^tA\boldsymbol{y}$，$\therefore$ ${}^t\boldsymbol{x}A\boldsymbol{y}={}^t\boldsymbol{x}{}^tA\boldsymbol{y}$，$\therefore$ $A={}^tA$，A は対称行列

である．

(2) $f(\boldsymbol{x},\boldsymbol{y})=-f(\boldsymbol{y},\boldsymbol{x})$ から (1) と同様にして ${}^t\boldsymbol{x}A\boldsymbol{y}={}^t\boldsymbol{x}(-{}^tA)\boldsymbol{y}$ $\therefore\ A=-{}^tA$，A は交代行列である．

66．(1) $\triangle\mathrm{OAB}=\dfrac{1}{2}\begin{vmatrix}7 & -6\\ 3 & 2\end{vmatrix}=16$

(2) $\triangle\mathrm{OAB}=\dfrac{1}{2}\begin{vmatrix}-3 & -9\\ -5 & 4\end{vmatrix}=-\dfrac{57}{2}$

67．(1) $\triangle\mathrm{ABC}=\dfrac{1}{2}\left(\begin{vmatrix}-5 & 1\\ 4 & -7\end{vmatrix}+\begin{vmatrix}1 & 8\\ -7 & 3\end{vmatrix}+\begin{vmatrix}8 & -5\\ 3 & 4\end{vmatrix}\right)=\dfrac{1}{2}(31+59+47)=\dfrac{137}{2}$

(2) $\triangle\mathrm{ABC}=\dfrac{1}{2}\left\{\begin{vmatrix}-5 & 4\\ -2 & 4\end{vmatrix}+\begin{vmatrix}4 & -1\\ 4 & -3\end{vmatrix}+\begin{vmatrix}-1 & -5\\ -3 & -2\end{vmatrix}\right\}=\dfrac{1}{2}(-12-8-13)=-\dfrac{33}{2}$

68 $\mathrm{X}\begin{pmatrix}x_1\\ x_2\end{pmatrix}$，$\mathrm{Y}\begin{pmatrix}y_1\\ y_2\end{pmatrix}$，$\mathrm{Z}\begin{pmatrix}z_1\\ z_2\end{pmatrix}$，$\mathrm{P}\begin{pmatrix}p_1\\ p_2\end{pmatrix}$ とおくと

$$2\triangle\mathrm{PYZ}=\begin{vmatrix}y_1 & z_1\\ y_2 & z_2\end{vmatrix}+\begin{vmatrix}z_1 & p_1\\ z_2 & p_2\end{vmatrix}+\begin{vmatrix}p_1 & y_1\\ p_2 & y_2\end{vmatrix}$$

$$2\triangle\mathrm{XPZ}=\begin{vmatrix}p_1 & z_1\\ p_2 & z_2\end{vmatrix}+\begin{vmatrix}z_1 & x_1\\ z_2 & x_2\end{vmatrix}+\begin{vmatrix}x_1 & p_1\\ x_2 & p_2\end{vmatrix}$$

$$2\triangle\mathrm{XYP}=\begin{vmatrix}y_1 & p_1\\ y_2 & p_2\end{vmatrix}+\begin{vmatrix}p_1 & x_1\\ p_2 & x_2\end{vmatrix}+\begin{vmatrix}x_1 & y_1\\ x_2 & y_2\end{vmatrix}$$

これらを加えると，第１式の第２項と第２式の第１項は異符号で絶対値が等しいから和は０になる．同様にして p を含む項は消える．よって，和は

$$\begin{vmatrix}y_1 & z_1\\ y_2 & z_2\end{vmatrix}+\begin{vmatrix}z_1 & x_1\\ z_2 & x_2\end{vmatrix}+\begin{vmatrix}x_1 & y_1\\ x_2 & y_2\end{vmatrix}$$

となって $2\triangle\mathrm{XYZ}$ に等しい．

69．$f(\boldsymbol{x},\boldsymbol{y})={}^t\boldsymbol{x}A\boldsymbol{y}$，$A=\begin{pmatrix}2 & 1\\ 1 & 2\end{pmatrix}$，この行列は $a>0$，$ab-h^2=3>0$ をみたすから，内積の条件をみたす．この内積を $\boldsymbol{x}\cdot\boldsymbol{y}$ で表すと $|\boldsymbol{x}|^2=2(x_1{}^2+x_1x_2+x_2{}^2)$，コーシーの不等式は $|\boldsymbol{x}\cdot\boldsymbol{y}|^2\leqq|\boldsymbol{x}|^2|\boldsymbol{y}|^2$ であるから

$$(2x_1x_2+x_1y_2+x_2y_1+2y_1y_2)^2\leqq 4(x_1{}^2+x_1x_2+x_2{}^2)(y_1{}^2+y_1y_2+y_2{}^2)$$

70．f_1,f_2,f_3,f_4 を表す行列をそれぞれ A_1,A_2,A_3,A_4 とすると $|A_1|>0$，$|A_2|>0$，$|A_3|<0$，$|A_4|>0$，よって答は f_3

71．A と B が相似ならば $P^{-1}AP=B$ をみたす正則行列 P が存在するから $|P^{-1}AP|=|B|$，$|P^{-1}|\cdot|A|\cdot|P|=|B|$ $\therefore$ $|A|=|B|$，$|A|,|B|$ の符号は一致する．

72．$J=\begin{pmatrix}\alpha & 0\\ 0 & \alpha\end{pmatrix}$，$\begin{pmatrix}\alpha & 1\\ 0 & \alpha\end{pmatrix}$ のときは $|J|=\alpha^2$ は負になることがない．$|J|=\begin{pmatrix}\alpha & 0\\ 0 & \beta\end{pmatrix}=\alpha\beta\ (\alpha\neq\beta)$ のときは α,β が異符号のときに限って $|J|$ は負となる．答 $J=\begin{pmatrix}\alpha & 0\\ 0 & \beta\end{pmatrix}$，$\alpha\beta<0$

さ く い ん

な ～ の

は ～ ほ

ま ～ も

や ～ よ

ら ～ ろ

著者紹介：

石谷　茂（いしたに・しげる）

大阪大学理学部数学科卒.

主著:『ε-δに泣く』『入門群論』『トポロジー入門』
『教科書にない高校数学』『現代数学と大学入試』他.

2次行列のすべて

2008年11月10日　新装版1刷発行

検印省略

著　者　石谷　茂
発行者　富田　栄
発行所　株式会社　現代数学社
〒606-8425　京都市左京区鹿ヶ谷西寺ノ前1
TEL&FAX 075 (751) 0727　振替 01010-8-11144
http://www.gensu.co.jp/

印刷・製本　モリモト印刷　株式会社

ISBN978-4-7687-0329-8